An der Leber links vorbei

eine tollkühne Reise durch den Körper

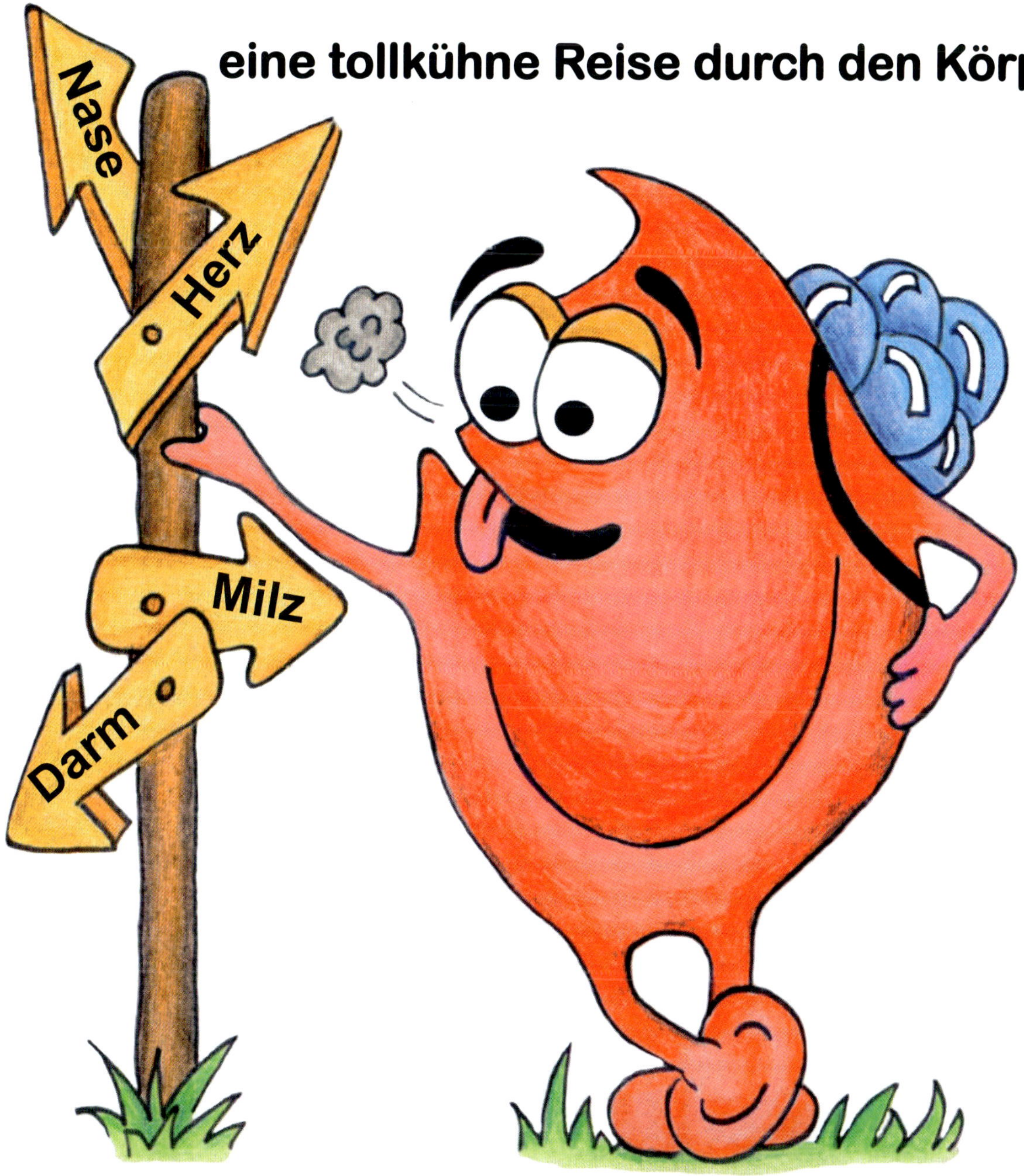

Dr. med. Petra Sommer

Dr. Petra Sommer

An der Leber links vorbei - Haiger 2015

1. Auflage 2015

Illustration: Dr. Isabell Sommer

Lektorat: Lektorat Dallmann, Korrekturservice Dr. Bärbel Müller

Printed in Germany

ISBN 978-3-00-051140-0

Reiseroute

Beginn der Reise	7
Die Lunge: das Sauerstoffparadies	12
Das Herz: volle Power voraus	18
Die Milz: ein Horrortrip	24
Der Magen: ein Sack mit Seegang	27
Der Darm: eine tolle Rutschpartie	37
Die Leber: eine super Chemiefabrik	49
Die Gallenblase: ein echter Faulpelz	52
Die Bauchspeicheldrüse: alle sind sich spinnefeind	55
Die Augen: Tsunami in der Dunkelheit	59
Die Nase: 5000 Gerüche	64
Der Rachen: sehr kitzelig	72
Der Mund: gefährliche weiße Berge	74
Das Ohr: ein super Trampolin	83
Die Haut: nur eine Wurstpelle?	89
Plattina und Plattino: zwei platte Freunde	94
Lymphina: die tollste Immunsystemzelle	97

Die Knochen: ein lustiges Gerüst **108**
Das Knochenmark: ein großes Kinderzimmer **112**
Der Bizeps: ein echt starker Muskel **114**
Die Niere: eine riesige Kläranlage **118**
Das Gehirn: ein echtes Superorgan **122**
Nachschub: zurück zur Lunge **132**
Ros: klein und hilflos **133**
Gemeinsam durch den Körper **141**
Alles wird anders **144**
Die Konferenz: *Rettet den Menschen* **149**
Das Wunder **164**

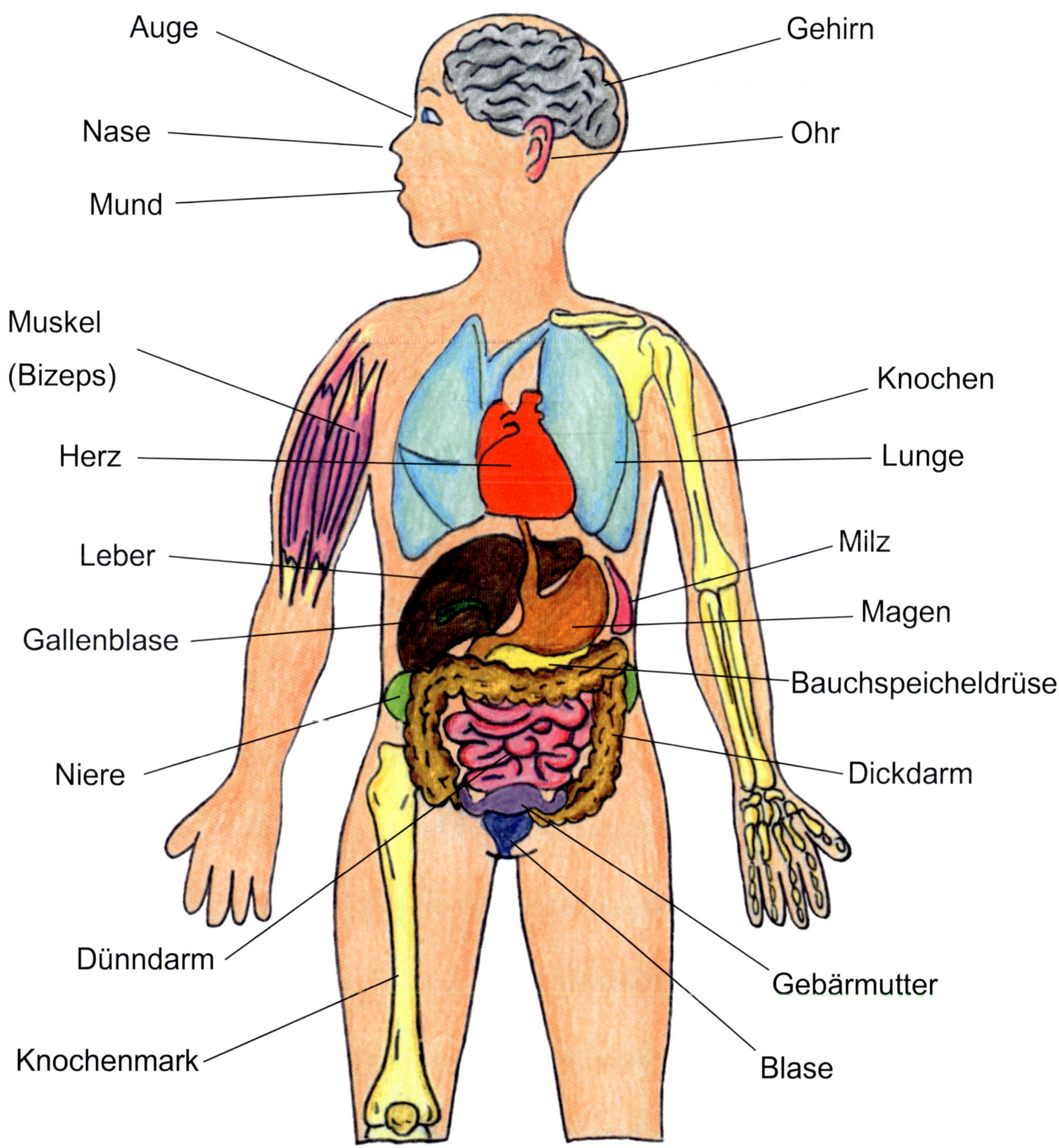
Auge
Gehirn
Nase
Ohr
Mund
Muskel
(Bizeps)
Knochen
Herz
Lunge
Milz
Leber
Magen
Gallenblase
Bauchspeicheldrüse
Niere
Dickdarm
Dünndarm
Gebärmutter
Knochenmark
Blase

Hallo, ich bin Eros.

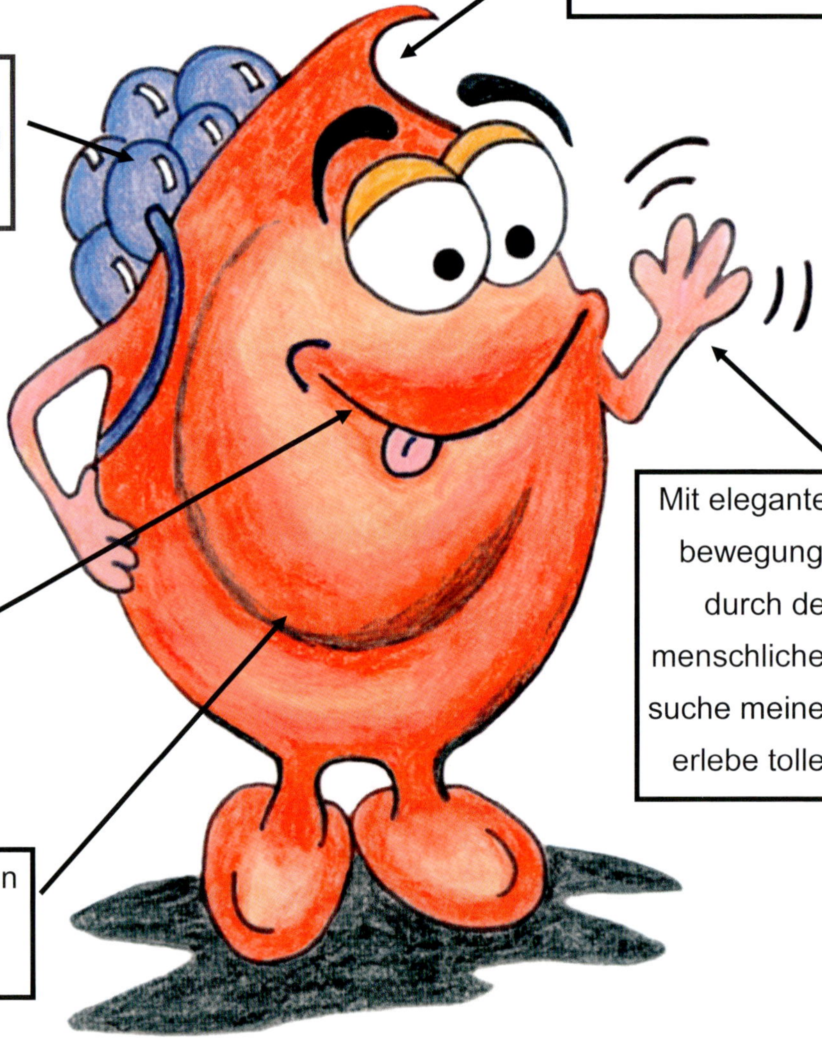

Aber eines Tages wurde alles anders...Der Mensch versuchte uns umzubringen! Doch am besten erzähle ich der Reihe nach.

Beginn der Reise

„Hilfe, hört mich denn keiner? Ich will nicht sterben!“, rief ich verzweifelt, während ich mich schnaufend wie ein Walross Zentimeter um Zentimeter durch die immer enger werdende Röhre kämpfte.

‚Warum hat mir niemand von diesen Strapazen erzählt?‘, dachte ich, den Tränen nahe. Nach meiner Geburt im rechten Oberschenkel hatten mir alle vorgeschwärmt, wie toll es da draußen im Körper ist. Klar, am Anfang hat es auch mächtig Spaß gemacht, durch die Röhren oder, wie es richtig heißt, Gefäße zu schwimmen: Da gab es breite Autobahnen und verschlungene Landstraßen, die Venen und Arterien, aber auch klitzekleine Gässchen, sogenannte Kapillaren.

Zunächst waren wir noch zu viert: Plattina und Plattino, zwei Blutplättchen, Lymphina, eine Immunsystemzelle und meine beste Freundin, und ich, Eros – das schönste rote Blutkörperchen weit und breit. Da Plattina und Plattino

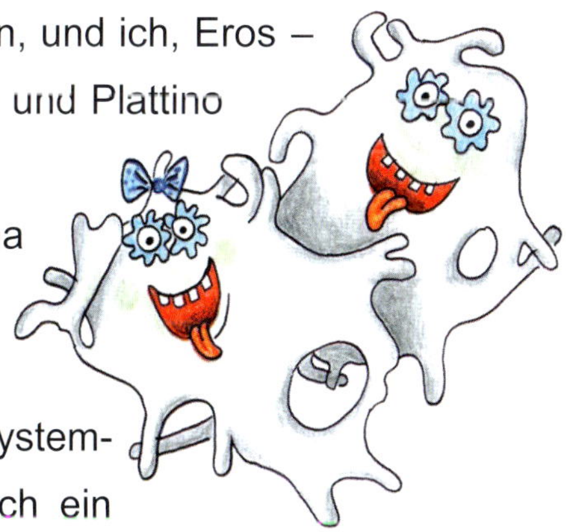

aber schon nach den ersten Kurven irgendwo kleben geblieben sind, musste ich mit Lymphina schon bald allein weiterschwimmen. Wir wollten zur Thymusdrüse. Das ist ein Organ im oberen Brustkorb und die Schule für die Immunsystemzellen. Dort sollte Lymphina geschult werden, weil sie noch ein bisschen dumm war. Trotz der 150.000 Kilometer Blutgefäße, die ein Mensch hat (das sind 12-mal mehr Kilometer als Autobahnen in Deutschland!) habe ich mich auf dem Weg zur Thymusdrüse nur einmal an der Leber verschwommen.

Und das alles ohne Navi! Ich war vielleicht stolz auf mich. Auch Lymphina schaute mich ganz bewundernd an.

Wir sind dann auch rechtzeitig zum Schulbeginn in der Thymusdrüse angekommen. Das war wichtig, denn Lymphina (die ich später heiraten will) soll eine kluge Zelle werden. Obwohl sie sich ängstlich zitternd an mich klammerte und bittere Lymphozytentränen weinte, bestand sie doch darauf, die letzten Zentimeter allein zu schwimmen. Ich winkte ihr noch lange nach.

Obwohl ich wegen des Abschieds von Lymphina traurig war und ich auch schon einige 1000 Kilometer hinter mir hatte, fühlte ich mich noch immer topfit. Doch plötzlich wurde alles anders. Von Zentimeter zu Zentimeter wurde ich schwächer und müder. Meine wunderbare, erdbeerrote Hautfarbe ging langsam ins Lilafarbige über, die breite Straße wurde immer enger und die Flüssigkeit immer dunkler. ‚Wenn nicht bald ein Wunder passiert, breche ich zusammen', dachte ich und schwamm um die nächste Kurve.

Endlich wurde das Gefäß wieder weit, und ich sah einen großen Raum vor mir. ‚Das muss das Herz sein', dachte ich, denn von ihm und seinen gewaltigen Kammern hatte ich schon gehört. Ich nahm noch einmal alle Kraft zusammen und erreichte vollkommen ausgepowert eine Art Vorhof. Erschöpft sah ich auf der anderen Seite eine große Klappe. ‚Dahinter ist bestimmt die Lunge, da soll es doch so wunderbare Energiedrinks geben, so zumindest haben die anderen es mir erzählt', hoffte ich voller Vorfreude. Noch einmal nahm ich meine ganze Kraft zusammen und raste auf die Tür zu.

Rumms! Es gab einen dumpfen Schlag, und Sternchen kreisten um meinen Kopf. Meine Sinne schwanden, und es wurde dunkel.

Als ich mit wahnsinnigen Kopfschmerzen wieder erwachte, standen zahlreiche schmatzende und sabbernde Fresszellen um mich rum, und ich hörte Stimmenfetzen: „Oh, er lebt noch! … Wie schade! … Er sah so lecker aus! … Dann müssen wir uns wohl was anderes suchen!“ Enttäuscht schwammen sie davon.

„Was ist passiert?“, murmelte ich.

„Du bist gegen die Trikuspidalklappe geschwommen“, erklärte eine arrogante Stimme.

„Gegen die Tri-was?“

„Gegen die Tri-kus-pi-dal-klappe, du Dummerchen!“

‚Dummerchen!‘

Zornesröte stieg in mir empor.

Dieser arrogante Schnösel konnte von Glück reden, dass mir noch alles wehtat, sonst hätte ich ihm schon die passende Antwort auf seine Frechheiten gegeben. Mein Gegenüber schien allerdings meine Wut gar nicht zu bemerken. Stattdessen begann er ungefragt mit einem Vortrag über das Herz.

„Ich sehe, du hast noch null Ahnung! Na gut, ich werde es dir kurz erklären: Das Herz besteht aus vier Räumen und ist aufgebaut wie eine Behörde. Es gibt zwei kleine Vorhöfe, die Wartezimmer (in dem rechten stehen wir gerade), und zwei große Herzkammern, die Sitzungsräume. Zwischen diesen Räumen gibt es Türen, die Herzklappen. In das rechte Wartezimmer kann man einfach so reinschwimmen. Das hat ja auch bei dir geklappt. Schwupps, warst du im Vorhof. Um von hier aber in den rechten Sitzungsraum zu kommen, muss man erst durch die Trikuspidalklappe schwimmen, auch Segelklappe genannt."

„Aha. Aber was …"

„Lass mich ausreden! Von der rechten Kammer geht es dann weiter durch die Pulmonalklappe in die Lunge. Danach gelangt man wieder ohne Probleme ins linke Wartezimmer, den linken Vorhof. Und von da durch die Mitralklappe in die linke Kammer. Durch die letzte Klappe, die Aortenklappe, kommt man in eine riesengroße Röhre, die Aorta. Und schon ist man wieder zurück im Körper."

„Interessant.", heuchelte ich, obwohl ich nicht alles verstanden hatte.

„Wer bist du eigentlich? Und wo kommst du her?", beendete der Schnösel seinen Vortrag.

„Ich bin Eros, ein rotes Blutkörperchen, ein Erythrozyt, wenn dir das was sagt. Und ich komme gerade von der Thymusdrüse, wo ich meine Freundin Lymphina abgeliefert habe", antwortete ich trotz meiner Erschöpfung und dem Schlag gegen den Kopf selbstbewusst. „Ach, schon wieder so ein dummer Baby-Erythrozyt", murmelte Mister Oberschlau genervt. „Hast du denn nicht den Bericht von Erosamus gelesen, unserem Urururururururururururgroßvater?"

„Natürlich habe ich ihn gelesen. Ich habe es ja auch gewusst, aber man hat wohl vergessen, mir den Schlüssel für die Klappen mitzugeben", flunkerte ich verlegen.

„Oh, dieser Frischling ist noch dümmer, als ich gedacht habe! Man braucht doch keinen Schlüssel, um die Klappen zu öffnen. Ungefähr jede Sekunde öffnen sich die Klappen der Kammern für etwa 0,15 Sekunden automatisch. Und danach die Klappen der Vorhöfe, für etwa 0,7 Sekunden."

„Mmmh, das habe ich doch gewusst. Ich hab doch nur einen Witz gemacht", murmelte ich, während sich mein Körper dunkelschamrot verfärbte. „Wer bist du überhaupt?", fragte ich forsch, um von meiner Verlegenheit abzulenken.

„Ich bin Primus, das intelligenteste rote Blutkörperchen des Körpers! Aber ich habe wirklich Besseres zu tun, als meine Zeit mit so einem Grünschnabel zu vergeuden", sprach Mister Oberschlau und schwamm grußlos davon.

„Halt, warte, ich muss dich noch was fragen.", rief ich ihm hinterher. Aber er schaute nicht mal zurück. ‚Arroganter Schnösel. Er mag zwar ein bisschen schlauer sein als ich, aber sein Charme und seine Körperformen lassen doch sehr zu wünschen übrig', dachte ich wütend. Um mich wieder zu beruhigen und mein Selbstwertgefühl zu erhöhen, streichelte ich bewundernd über meine seitlichen Rundungen. „So, jetzt muss ich mich aber konzentrieren, denn gleich öffnet sich die Klappe, und so ein Lapsus darf mir nicht noch mal passieren", spornte ich mich selbst an.

Reibungslos und ohne Störung schwamm ich durch die Trikuspidalklappe in die rechte Kammer. Und danach durch die Pulmonalklappe in das Erythrozytenparadies. Wo das ist? In der Lunge natürlich!

Die Lunge: das Sauerstoffparadies

„Sauerstoff! Sauerstoff! Ihr könnt euch gar nicht vorstellen, wie lecker Sauerstoff ist. Mmmh, das schmeckt! Und es gibt Energie. Nun bin ich nicht nur der attraktivste, sondern auch der stärkste, kräftigste und tollste Erythrozyt der Welt“, rief ich übermütig und schlug Purzelbäume und Loopings.

Jetzt erst, nachdem ich meinen Energiedrink erhalten hatte und sich meine Hautfarbe schlagartig von Dunkelrot, fast Bläulich, zu Hellrot verändert hatte, spürte ich, wie kaputt ich gewesen war. Ich sah ja vorher schon toll aus, aber jetzt fand ich mich umwerfend. Schnell nahm ich noch ein paar Sauerstoffmoleküle auf. Jetzt will ich aber erst mal erzählen, wie das so mit der Sauerstoffaufnahme funktioniert.

Nach der rechten Herzkammer schwamm ich zunächst durch ein kleines Gefäß, dann durch ein noch kleineres, und, schon fast ohnmächtig vor Erschöpfung, durch ein klitzekleines Gefäß, eine sogenannte Kapillare. Zum Glück musste ich nicht viel machen, sondern konnte mich einfach mit dem Blutwasser treiben lassen. Das winzige Gefäß führte direkt an den Lungenbläschen vorbei, und wenn man ganz dicht an der Wand lang schwamm (war kein Problem, denn die Kapillare ist sowieso super eng) strömte einem der wunderbare Sauerstoff schon entgegen. Und während ich den guten Sauerstoff aufnahm, gab ich die schlechte Luft, das Kohlendioxid, das leider reichlich an mir klebte, wieder ab. Man muss sich das wie an einer Sushi-Bar vorstellen: Man gibt die leeren, schmutzigen Schälchen ab und bekommt leckere, mit

Snacks gefüllte zurück.

„Dumdidumdidum, ich glaube, ich bin schon ganz beschwipst von dem vielen Sauerstoff", trällerte ich, „das muss das Schlaraffenland sein! Schade nur, dass Lymphina jetzt nicht hier ist. Sie hätte das bestimmt auch genossen. Das nächste Mal nehme ich sie mit zur Lunge."

Gleich nach meiner Geburt hatten mir meine Geschwister eingeschärft, immer ortsansässige Zellen auszufragen, da diese immer am besten Bescheid wüssten. So presste ich mich also ganz dicht an die Gefäßwand und rief einem Lungenbläschen zu: „Hallo, du da, wer bist du? Wie geht es dir? Und wo bekommst du eigentlich diesen leckeren Sauerstoff her?"

„Hallihallo", rief ein sehr fröhliches Lungenbläschen zurück, „ich bin Luftikus, und mir geht es hervorragend, weil unser Mensch viel an der frischen Luft spazieren geht, Sport treibt und jede Minute acht Liter Sauerstoff einatmet. Besonders toll ist es, wenn er durch die Nase atmet. Denn dort wird die Luft durch Härchen und Schleim gereinigt und schön warm gemacht. Du musst nämlich wissen, dass ich eine kleine Frostbeule bin und es gar nicht mag, wenn die Luft kalt zu mir kommt. Manchmal allerdings atmet der Mensch durch den Mund. Das ist scheußlich. Dann ist die Luft eiskalt und dreckig. Brrrh, dann muss ich frieren", erzählte das Lungenbläschen und zitterte schon bei dem Gedanken. „Nach der Nase geht die Luft in den Rachen, von dort in den Kehlkopf und dann in die Luftröhre. Die ist immer weit offen, damit der Atem ungehindert hineinströmen kann. Auch die Luftröhre hat kleine Härchen. Diese sind sehr fleißig und sorgen dafür, dass

Fremdkörper, Schleim und Schmutz zurückgehalten werden und wir nur ganz reine Luft bekommen.

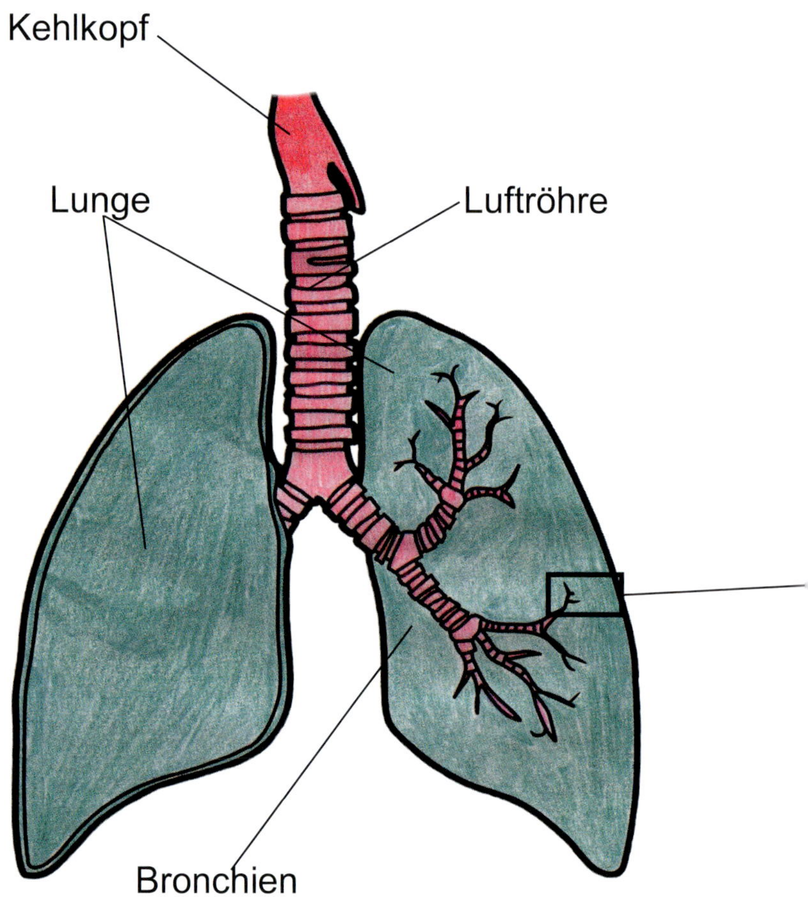

„Und wie kommt die Luft von da in die Lunge?“

„Ganz einfach: Die Luftröhre teilt sich auf in einen rechten und einen linken Ast. Und diese Äste verzweigen sich dann noch weiter in immer kleinere Ästchen (Bronchien), wie bei einem großen Baum. Und ganz am Ende davon sitzen wir, also ich und meine 400 Millionen Lungenbläschengeschwister“, plauderte Luftikus gutgelaunt weiter.

„Und was passiert mit der alten, schlechten Luft, dem Kohlendioxid?“, fragte ich wissbegierig.

„Die geht den gleichen Weg rückwärts wieder raus“, schilderte das Lungenbläschen fröhlich weiter.

„Klingt interessant. Und kannst du mir auch noch sagen, woher der Mensch eigentlich weiß, dass er atmen muss? Oder nerve ich dich mit meinen Fragen?“

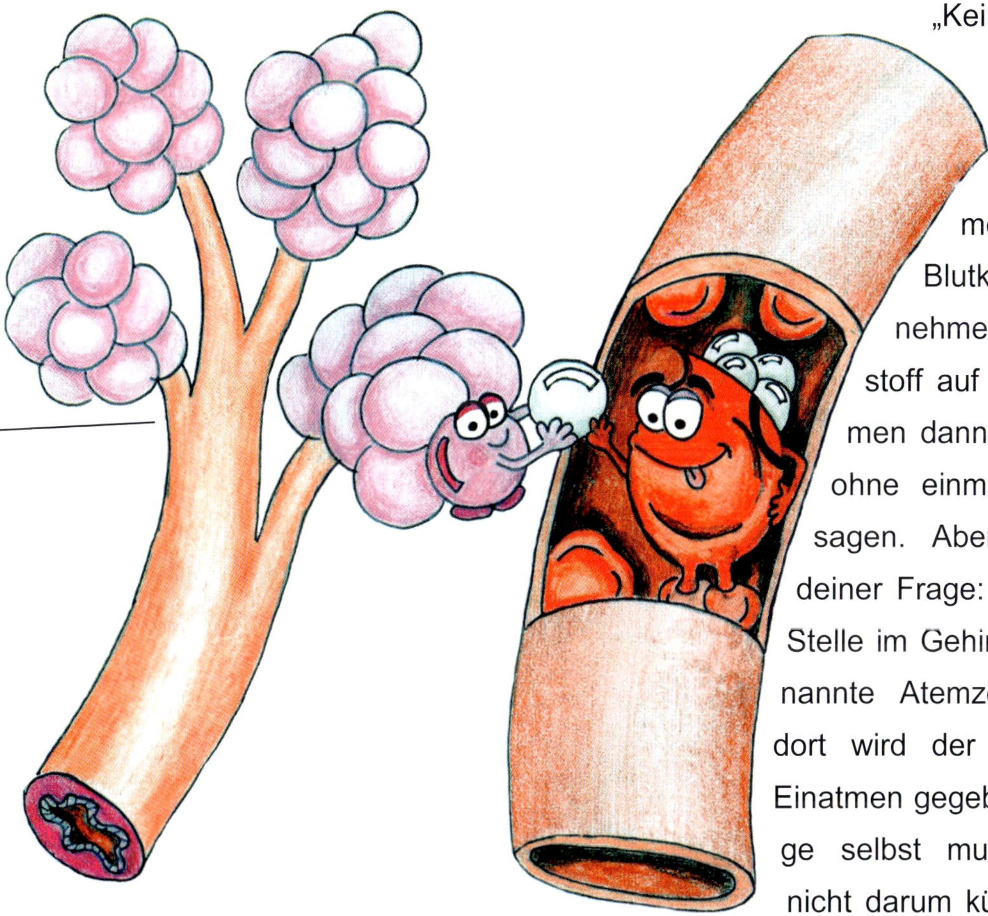

„Keine Spur. Ich werde gerne von dir ausgefragt. Die meisten roten Blutkörperchen nehmen nur Sauerstoff auf und schwimmen dann wieder weg, ohne einmal ‚Hallo‘ zu sagen. Aber zurück zu deiner Frage: Es gibt eine Stelle im Gehirn, das sogenannte Atemzentrum. Von dort wird der Befehl zum Einatmen gegeben. Die Lunge selbst muss sich gar nicht darum kümmern. Das ist eine sehr praktische Einrichtung, denn so kann der Mensch nachts schlafen und trotzdem weiteratmen“, berichtete Luftikus. „Schmieg dich noch mal ganz dicht an die Wand ran“, rief er plötzlich, bevor ich etwas sagen konnte, „es kommt gerade wieder viel guter Sauerstoff.“

In der Tat kam ein Schwall frischer Sauerstoffmoleküle an, und ich nahm noch einmal ein großes Paket auf.

„Sag mal, wieso muss ich als rotes Blutkörperchen eigentlich den Sauerstoff den anderen Zellen geben und kann ihn nicht selbst behalten?“, fragte ich weiter, motiviert durch die Freundlichkeit des Lungenbläschens.

„Sei mal nicht so geizig. Zum einen brauchen die Zellen den Sauerstoff zum Leben, und zum anderen werden mit ihm die Nährstoffe in der Nahrung verbrannt, damit die Zellen und der Körper Energie bekommen. Als Abfallprodukt entsteht dann Kohlendioxid. Das ist wie beim Auto: Das Benzin sind die Nährstoffe und der Zucker. Die werden im Motor, das sind die Zellen, mit Sauerstoff verbrannt, und übrig bleiben die Abgase, das Kohlendioxid“, erklärte Luftikus.

„Ja, nur dass beim Auto die Abgase einfach in die Luft geblasen werden, und hier im Körper muss ich armes Blutkörperchen das Kohlendioxid erst mühsam zur Lunge schleppen, bevor es dann in die Luft abgeatmet wird“, klagte ich.

Aber Luftikus merkte, dass ich das nur im Spaß meinte. „He, du Faulpelz, sei nicht so arbeitsscheu. Bewegung hält jung und schlank“, lachte er mich an und schaute dabei auf meine kleinen Rettungsringe.

„Sag mal, sind eigentlich alle meine Schwestern und Brüder so fleißig wie ich? Oder bleibst du manchmal auch auf deinem Sauerstoff sitzen?“, fragte ich weiter und drehte mich dabei so, dass Luftikus nicht die ganze Zeit auf meine kleinen runden Wölbungen starren konnte.

„Na ja, deine Schwestern und Brüder sind schon sehr fleißig und holen viel Sauerstoff ab, aber wir geben nicht alles her. Anderthalb Liter Sauerstoff heben wir uns hier in der Lunge immer auf, als Notreserve.“

„Notreserve?“

„Ja, falls der Mensch mal kurzzeitig nicht atmen kann. Das reicht jedoch nur für ein paar Minuten. Deswegen ist es auch wichtig, dass der Mensch Tag und Nacht atmet.“

„Wie viel Luft geht eigentlich so bei euch rein und raus?“

„9.000 Liter Atemluft braucht der Mensch jeden Tag. Dafür muss er ungefähr 20.000- bis 25.000mal ein- und ausatmen“, berichtete Luftikus stolz.

„Das ist ja der absolute Wahnsinn! In 18 Jahren könnte der Mensch damit 3 Millionen Luftballons aufblasen“, rechnete ich blitzschnell aus.

„Du bist ja nicht nur ein nettes rotes Blutkörperchen, sondern auch ein Mathegenie“, bemerkte Luftikus beeindruckt.

„Danke, aber solche Berechnungen haben mir schon immer Spaß gemacht“, erwiderte ich verlegen und strahlte von einem Ende zum anderen. „So, jetzt muss ich aber weiter. Sonst verhungern die Zellen noch. Tausend Dank noch mal, du bist wirklich sehr nett“, rief ich Luftikus zum Abschied zu.

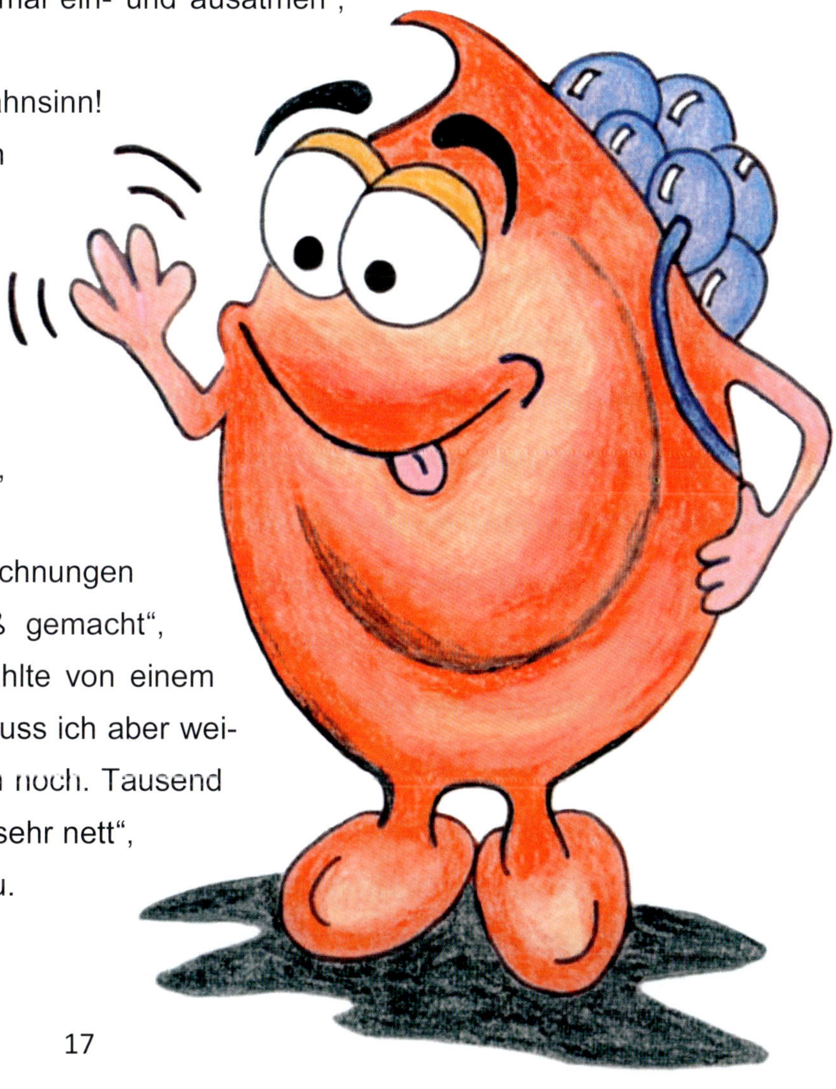

Das Herz: volle Power voraus

Von der Lunge schwamm ich zur anderen Hälfte des Herzens, in den linken Vorhof. Dort harrte ich brav aus, bis die Mitralklappe sich öffnete, damit ich in die linke Kammer schwimmen konnte. Der dumme Fehler von vorhin sollte mir nicht noch mal passieren.

Die Wartezeit nutzte ich, um mir das Herz ein bisschen genauer anzusehen. Es war gar nicht herzförmig, wie man vielleicht denkt, eher rund und ungefähr so groß wie eine geballte Menschenfaust. Innen war es hohl. Wie Primus schon erzählt hatte, bestand es aus zwei Vorhöfen und zwei Kammern, die durch Klappen voneinander getrennt waren.

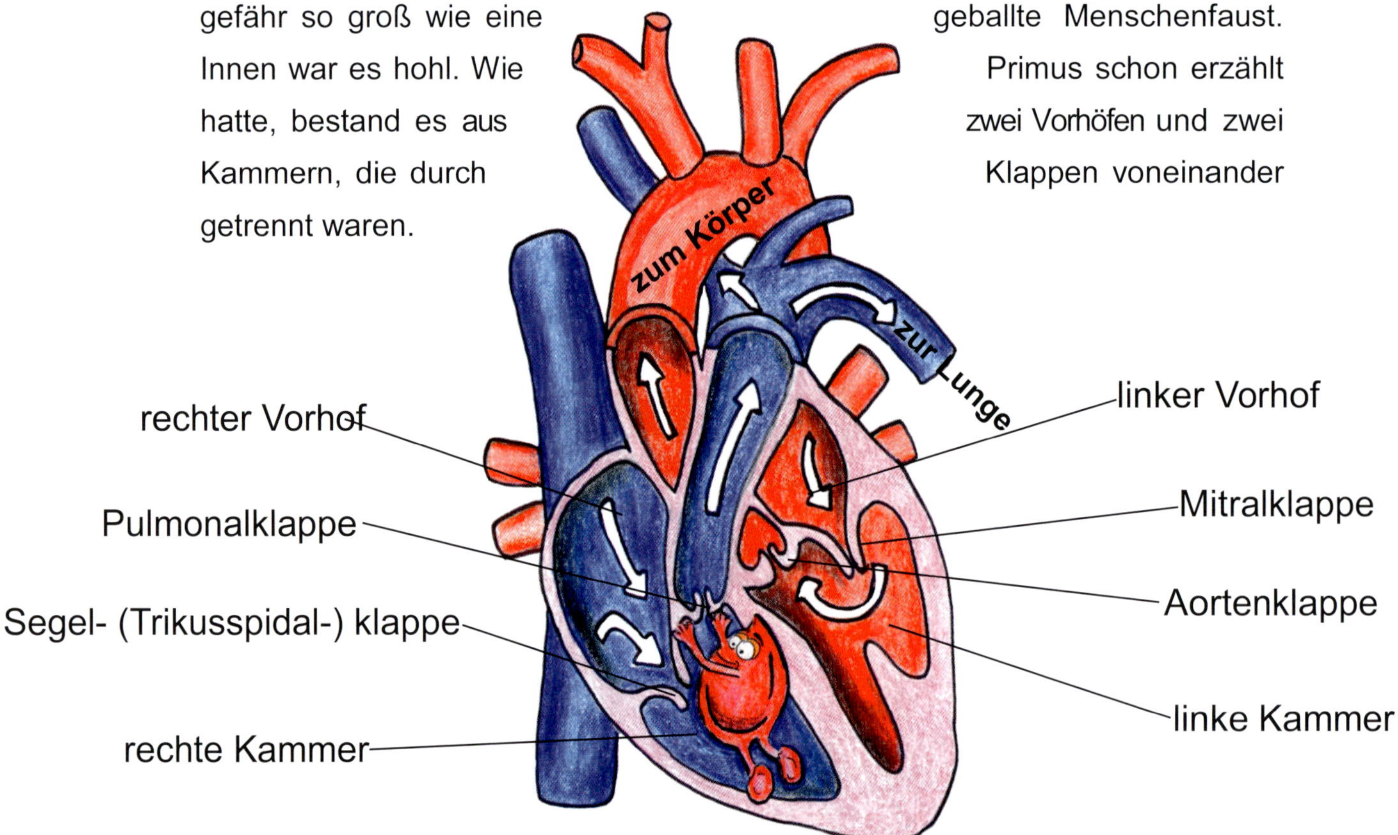

Ich sah, wie das dunkel-blau-rote, sauerstoffarme Blut von der rechten Herzhälfte zur Lunge und von da als sauerstoffreiches, hellrotes Blut zur linken Herzhälfte befördert wird, bevor es dann durch den ganzen Körper gepumpt wurde. Dafür braucht das Herz also diese Klappen, die übrigens wie kleine Flügeltüren aussehen. Dadurch, dass sie sich nur in eine Richtung öffnen können, sorgen sie wie ein Ventil dafür, dass das Blut immer in die richtige Richtung fließt: also sauerstoffarmes Blut zur Lunge und sauerstoffreiches zurück in den Körper.

In der Schule von Erosamus hatte ich gelernt, dass die Gefäße, die zum Herzen hinführen, Venen heißen, und die, die von ihm wegführen, Arterien.

Neugierig schwamm ich dichter an die Herzwand heran. Plötzlich hörte ich ein gleichmäßiges „Eins und zwei und eins und zwei und eins …“ und sah ganz viele kleine Herzmuskelzellen.

Sie machten eine Art rhythmische Gymnastik und waren dabei vollkommen im Gleichklang. Angespornt durch das Verhalten des freundlichen Lungenbläschens, traute ich mich auch hier, ein paar Fragen zu stellen.

„Hallo, ihr Herzmuskelzellen, wie geht es euch?“

„Eins und zwei und eins und zwei und …“ „Uns geht es sehr gut“, antworteten Tausende von Herzmuskeln wie aus einem Mund. „Eins und zwei und eins und zwei und …“ „Unser Mensch treibt viel Sport, deswegen sind wir sehr kräftig.“ „Eins und zwei und eins und zwei und …“ „ Außerdem sind die Gefäße weit und haben keine Ablagerungen. Daher ist es für uns ganz einfach, das Blut überall hinzupumpen“, berichteten sie synchron, während sie nicht aufhörten, ihre Gymnastik zu machen. „Eins und zwei und eins und zwei und …“

„Warum macht ihr eigentlich ständig diese Gymnastik? Wollt ihr unbedingt schlank werden?“, fragte ich und überlegte, ob meinem kleinen Kugelbäuchlein ein paar Sit-Ups nicht auch gut täten.

„Eins und zwei und eins und zwei und …“ „Nein, unser eigener Körper interessiert uns nicht.“ „Eins und zwei und eins und zwei und …“ „Wir machen das nur für unseren Menschen! Durch die rhythmischen Bewegungen pumpt das Herz das Blut überall hin in den Körper. Und durch den Sog wird es anschließend wieder zurück zum Herzen gezogen, damit so kleine Faulpelze wie du nicht selbst schwimmen müssen.“ „Eins und zwei und eins und zwei und …“ „Du kannst es ja mal probieren, wenn du wieder außerhalb des Herzens bist: Lass dich einfach treiben. Wir sorgen schon dafür, dass du bewegt wirst …“ „Eins und zwei und eins und zwei und …“

„Also, ein Faulpelz bin ich nicht! Aber ich probiere es gerne mal aus. Müsst ihr diese komische Gymnastik immer vollkommen synchron machen?“

„Ja, denn nur gemeinsam sind wir stark. Wenn jeder so schlagen würde, wie er wollte, käme es zu Herzrhythmusstörungen.“

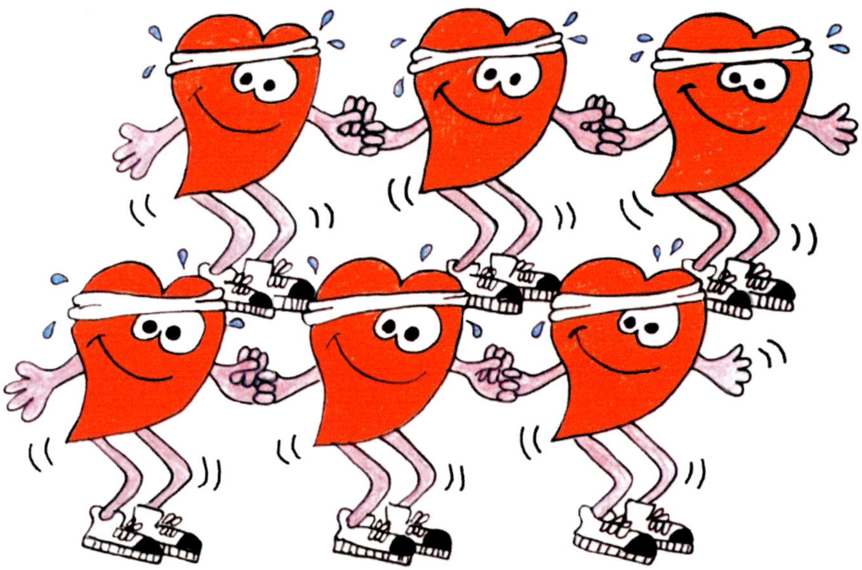

„Klingt fies.“

„Ja, ist es auch. Das Herz hat dann nicht mehr genug Kraft, um das Blut überall hinzupumpen.“

„Eins und zwei und eins und zwei und …“ „Wenn du nachher aus dem Herzen rausgeschwommen bist, ruf einfach einmal laut. Dann zeigen wir dir zwei Schläge lang, was passiert, wenn wir nicht synchron sind. Länger aber nicht, denn sonst wird es für den Menschen gefährlich“, antworteten sie im Chor. „Eins und zwei und eins und zwei und …“

„Dürft ihr nie mal eine kleine Pause machen?“, fragte ich ehrfürchtig vor so viel Fitness.

„Eins und zwei und eins und zwei und …“ „Nein, das Blut muss jede Minute einmal durch den ganzen Körper gepumpt werden. Wenn wir jung sind, also der Mensch noch ein Kind ist, sind wir noch nicht so kräftig. Deswegen müssen wir uns hundertmal pro Minute zusammenziehen und wieder strecken. Später, wenn wir älter sind, der Mensch also erwachsen ist, sind wir so kräftig geworden, dass es reicht, wenn wir nur noch siebzigmal pro Minute unsere Gymnastik machen.“ „Eins und zwei und eins und zwei und …“

„Und woher kommt dieses ‚Eins und zwei und …‘, wer ist euer Oberkommandeur, ist es das Gehirn?“, fragte ich.

„Eins und zwei und eins und zwei und …“ „Nein, im Herzen gibt es eine ganz besondere Stelle, den Sinusknoten“, antworteten sie stolz, „von da bekommen wir unsere Befehle, also das ‚Eins und zwei und …‘ So sind wir vollkommen autark. Deswegen ist das Herz auch das einzige Organ, das sogar außerhalb des Körpers weiterschlagen kann.“

„Das klingt aber mächtig interessant. Darf ich euch noch was fragen?“, nervte ich wissbegierig, als ich plötzlich vom Sinusknoten lautstark unterbrochen wurde. „Freunde, wir müssen Vollgas geben! Eins, zwei, eins, zwei, eins, zwei …“, peitschte er den Herzmuskelzellen ein. Sofort erhöhten diese ihren Takt auf das Doppelte.

Ich bekam schon Schweißperlen auf der Stirn vom reinen Zugucken, aber den Herzmuskelzellen schien das nichts auszumachen. Ungefähr zehn Minuten später waren sie wieder im normalen Rhythmus.

„Was war das denn jetzt eben?“

„Unser Mensch musste schnell weglaufen, die Bein- und Fußmuskelzellen brauchten ganz fix ganz viel Sauerstoff. Deswegen haben wir unsere Schlagzahl verdoppelt.“

„Warum musste er denn plötzlich schnell weglaufen?“

„So viel ich verstanden habe, ging es um einen bissigen Hund.“

„Hund?“

„Was weiß ich. Der Mensch tut, was er will. Wir hier führen nur Befehle aus.“

„Wie viel Liter Blut hat der Mensch denn eigentlich?“ Ich konnte meinen Wissensdurst einfach nicht stoppen.

„Ungefähr fünf bis sieben Liter.“ „Eins und zwei und eins und zwei und …“

„Fünf bis sieben Liter jede Minute mal 60 in der Stunde mal 24 am Tag mal … macht ungefähr 400 Millionen Liter Blut im Laufe eines Menschenlebens“, rechnete ich blitzschnell aus. „Das ist ja der absolute Wahnsinn, jede andere Maschine mit der Leistung wäre schon nach kurzer Zeit kaputt!“, stellte ich beeindruckt fest.

„Ja, deshalb werden wir auch immer als das fleißigste Organ im Körper bezeichnet.“

„Toll, kann ich euch denn als kleine Anerkennung was Gutes tun?“

„Och, über so ein bisschen Sauerstoff würden wir uns schon sehr freuen“, erwiderten die Herzmuskelzellen.

„Erythrozyt, klar (das ist der gleich Ausspruch wie ‚Mensch, klar‘ bei den Menschen), daran hätte ich auch selbst denken können. Ich habe so viel Sauerstoff, da gebe ich gerne etwas ab.“ Ich freute mich, dass ich den Herzmuskelzellen eine Freude machen konnte, und beschloss nun überall, wo ich Station mache, ein kleines Sauerstoffgeschenk abzugeben. Nachdem sie ihren Snack genommen hatten (natürlich ohne ihre Arbeit zu unterbrechen!) verabschiedete ich mich und schwamm weiter.

Während ich durch die Mitralklappe in die linke Herzkammer und von da durch die Aortenklappe in die große, breite Aorta schwamm, dachte ich über meine neuen Freunde, die Herzmuskelzellen, nach. ‚Ist ja wirklich eine tolle Truppe. Aber ich bin doch froh, dass ich ein rotes Blutkörperchen bin, denn immer das machen, was alle machen, wäre gar nicht mein Ding.‘

Als ich wieder außerhalb des Herzens war, fielen mir die Worte der Herzmuskelzellen wieder ein. Also legte ich mich auf den Rücken, ließ mich treiben und siehe da: Ich brauchte gar nichts zu tun, die Druckwelle des Herzens trieb mich von selbst voran. So, jetzt wollen wir mal die Probe aufs Exempel machen! Ich rief laut: „Hallo, ihr Herzmuskelzellen, bitte ein einziges Mal nicht gleichmäßig schlagen!“

Ich hatte meine Worte noch kaum ausgesprochen, da geriet ich auch schon in eine Art Wasserstrudel: Das Blut bewegte sich nicht mehr in eine Richtung, sondern schwappte hin und her. Es fühlte sich komisch an, und fast bekam ich ein bisschen Angst. Auch der Mensch schien sich zu wundern, denn eine Art Zittern lief durch den Körper.

Doch kaum hatte ich dieses seltsame Gefühl realisiert, war der Spuk auch schon wieder vorbei. ‚Das passiert also, wenn die Herzmuskelzellen mal nicht gleichmäßig schlagen. Dann kommt das Blut mit uns roten Blutkörperchen gar nicht voran‘, dachte ich und schwamm gemütlich weiter.

Die Milz: ein Horrortrip

‚Ach, geht es mir gut! Ich könnte Bäume ausreißen! Am liebsten würde ich mal ein richtig gefährliches Abenteuer erleben', dachte ich so für mich. Da fiel mir plötzlich ein, dass Erosamos, mein Urururururururgroßvater, einmal von einer gefährlichen Mutprobe berichtet hatte, die mit der Milz zusammenhing. Erosamos hatte erzählt: „Es gibt für ein rotes Blutkörperchen eigentlich nur eine einzige gefährliche Stelle im Körper: die Milz. Das ist ein riesiger Filter, durch dessen Poren man hindurchschwimmen muss. Das schafft man jedoch nur, wenn man sich ganz dünn macht. Ist man zu alt, kaputt oder nicht gelenkig genug, bleibt man stecken und kommt elendig in ihr um. Nur die besten, gesündesten und fittesten roten Blutkörperchen überwinden das Hindernis!" ‚Das ist genau das richtige Abenteuer für mich, den Super-Ery', dachte ich. Und nahm Kurs auf die Milz.

Kurze Zeit später sah ich das unscheinbare Organ auch schon vor mir: Gerade mal elf mal sieben mal vier Zentimeter groß, schätzte ich. ‚Das soll gefährlich sein? Sieht doch ganz harmlos aus', dachte ich und schwamm mutig in die Milz hinein.

Zunächst kam ich in eine Art Wartehalle, den sogenannten Sinusraum. Hier warteten bereits Millionen von anderen roten Blutkörperchen, und der Raum war erfüllt von ängstlichem Stimmengewirr: „Letzte Woche hat es der alte Eri nicht geschafft … Vor zwei Wochen sollen Tausende von roten Blutkörperchen an einem Tag abgekratzt sein … Ich mache täglich Bauch-Beine-

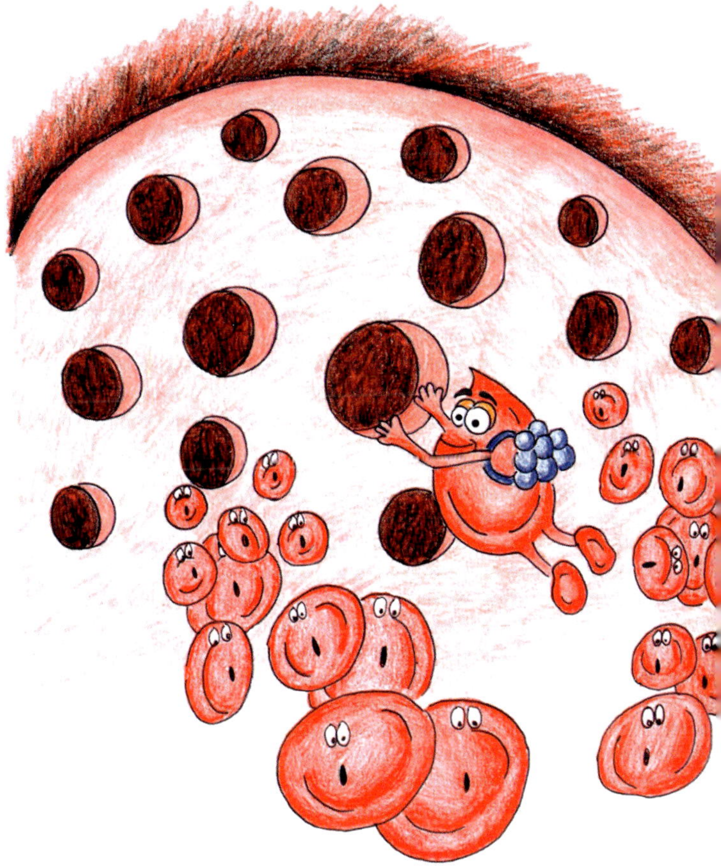

Po-Gymnastik, trotzdem weiß ich nicht, ob ich es schaffen werde … Wer hängen bleibt, wird von den Fresszellen sofort gnadenlos kaltgemacht …“

Ich hatte das Gefühl, dass jeder hier eine andere Horrorstory zu erzählen hatte. Strotzend vor Energie und mit der Sorglosigkeit eines jungen Erythrozyten drängelte ich mich durch die ängstlich wartenden Kollegen hindurch.

„Macht Platz, ihr Feiglinge! Jetzt zeigt euch Eros mal, wie einfach das ist!“, rief ich heldenmütig.

Ehrfürchtig machte die Menge einen Gang für mich frei, und ich konnte ungebremst in Richtung Filter schwimmen.

Und plötzlich war er vor mir, der riesige Filter. Nur durch eine Vollbremsung konnte ich gerade noch rechtzeitig vor dem Durchlass stoppen. Mein kleines Erythrozytenherz raste vor Angst. ‚So klein sind diese Poren? Da komm ich doch nie durch‘, dachte ich ängstlich – und schwamm gleich wieder fünf Züge zurück.

„Na, doch nicht mehr so mutig? Das ist mal wieder typisch: Erst den Mund voll nehmen, und dann vor Angst die Hose voll haben!“, hänselten mich die anderen. Manche riefen sogar „Angstschisser!“ hinter mir her.

Das konnte ich nicht auf mir sitzen lassen. Ich dachte an den Satz im Bericht von Erosamos: „… nur die alten und kaputten bleiben darin stecken." ‚Ich aber bin jung und nicht kaputt', dachte ich trotzig und nahm meinen ganzen Mut zusammen.

Mit einer leicht vibrierenden und stotternden Stimme rief ich den anderen Erythrozyten zu: „Iiich bin do-do-do-doch gargargar ni-ni-ni-nicht ängstlich, i-i-ich wollt-t-te nur de-de-den Mo-mo-mo-moment genießen."

Und schon schwamm ich in Richtung der Miniporen. Ich war heilfroh, dass der Erythrozytenkot geruchlos ist, denn sonst hätten alle gerochen, dass ich die Hose wirklich gestrichen voll hatte. Immer dichter kam ich den sehr, sehr kleinen Öffnungen, und dabei betete ich: Falls es einen Erythrozytengott gibt, dann bitte hilf mir jetzt, ich will auch immer ganz brav sein!

Als ich direkt vor der kleinen Pore war, schloss ich die Augen und schwamm in den Filter hinein. Ich spürte, wie ich so sehr zusammengepresst wurde, dass mir die Luft wegblieb. Obwohl ich mit aller Kraft voranschwamm, hatte ich das Gefühl, festzustecken.

„Hilfe, ich bin eingeklemmt!", schrie ich. ‚Das war es wohl. Schade, ich hatte noch so viel vor', dachte ich, als es plötzlich „Plopp!" machte und ich auf der anderen Seite des Filters ausgespuckt wurde.

Meine Erythrozytenhaut schmerzte so sehr, als hätte man mich am ganzen Körper mit scharfen Messerklingen geritzt. Aber ich hatte es geschafft. Überglücklich schlug ich Purzelbäume und rief immer wieder: „Ich bin der Tollste, ich bin der Super-Ery! Eigentlich sollte ich nicht Eros, sondern Eros der Einmalige heißen!", quietschte ich vor Freude und schwamm mit stolzgeschwellter Brust weiter.

Der Magen: ein Sack mit Seegang

Nachdem ich ein paarmal abgebogen und durch unterschiedlich dicke Röhren geschwommen war, kam ich in einen riesigen Sack.

„Wo bin ich denn jetzt gelandet?... gelandet? … gelandet?“, fragte ich erstaunt und horchte fasziniert auf das Echo, das mir sogleich antwortete.

„Du bist im Magen, Magen, Magen“, antwortete mir die Echostimme aus der Tiefe des Sacks. „Komm zu mir rüber, rüber, rüber, dann können wir uns besser unterhalten, halten, halten.“

Neugierig folgte ich der Einladung und schwamm einmal quer durch den Sack auf die andere Seite.

„Hallo, ich bin Eros. Und wer bist du? Und warum gibt es hier so ein tolles Echo?“

„Hallo, ich bin Muzina, eine Magennebenzelle. Das Echo gibt es nur zurzeit, weil der Magen gerade leer ist. Aber bald wird er sich wieder füllen, denn der Mensch hat schon großen Hunger.“

„Hunger? Was ist das?“

Aber Muzina kam nicht dazu, mir zu antworten, denn plötzlich ertönte ein lautes Donnern und Grummeln.

„Was war das?“, rief ich ängstlich und schmiegte mich an Muzina.

„Ach, das waren nur die Magenmuskelzellen. Die können es wieder mal nicht abwarten, die Jungs.“

„Was können sie nicht abwarten?“, fragte ich verwirrt.

„Erkläre ich dir alles später“, antwortete Muzina hastig, „jetzt musst du dich erst mal gut festhalten. Das Essen kommt, ich hoffe, du wirst nicht seekrank.“

‚Seekrank? Ich bin doch nicht auf dem Meer‘, dachte ich noch, als sich plötzlich ein riesiger Schwall aus Brocken, Brei und Flüssigkeit in den Magen ergoss. Und es wurde immer mehr. Kurze Zeit später balsamierte mich die Magennebenzelle mit Schleim ein.

„Was ist das für ein ekliges Zeug?“, fragte ich angewidert.

Doch Muzina antwortete nicht. Sie produzierte immer mehr von dieser komischen Schmiere. ‚Vielleicht bin ich doch nicht im Magen, sondern am Meer, und es ist eine Art Sonnenschutzmilch‘, dachte ich, als sich der Boden plötzlich zu bewegen begann. Ich hatte das Gefühl, auf einer riesigen Berg-und-Tal-Bahn zu sein. Alle zwanzig Sekunden kam eine neue Welle, die uns wie bei einem schlimmen Orkan durchschüttelte. Obwohl ich mich

ziemlich festhalten musste, um nicht in den ekligen Brockenbrei geschleudert zu werden, fand ich die ständigen Wellen anfangs sehr lustig.

„Juhu, höher, schneller!“, quietschte ich vor Freude.

Doch mit der Zeit war es gar nicht mehr so lustig. Mir wurde ganz flau und übel bei dem Schwanken, und ich rief mit gequälter Stimme: „Aufhören, bitte aufhören, mir ist schlecht.“

Doch keiner hörte auf mich. Krampfhaft hielt ich mich an der Magenwand fest und dachte, meine letzte Erythrozytenstunde hat geschlagen. Ich war so mit meinem Elend beschäftigt, dass ich gar nicht merkte, wie das Essen langsam immer breiförmiger wurde und sich auch die dicksten Brocken verflüssigten.

Plötzlich leerte sich der Magen, und die wellenförmigen Bewegungen hörten auf. Doch als ich aufstehen wollte, drehte sich immer noch alles und ich fiel sofort hin. Mir war blutplättchenelend (das ist wie hundeelend bei den Menschen). „Hallo, Eros, jetzt habe ich Zeit für dich“, rief Muzina fröhlich. „Oh mein Gott, der sieht ja ganz grün aus. Der Kleine scheint doch nicht so seefest zu sein, wie er gesagt hat“, erklang ihre besorgte Stimme.

„Oh, mir ist so schlecht, ich werde sterben!“, hauchte ich.

„Das wollten wir nicht“, beteuerten die Magenmuskelzellen. „Wir wollten nicht, dass der Kleine stirbt, aber wir mussten doch das Essen mischen“, entschuldigten sie sich.

„Keiner macht euch einen Vorwurf“, beruhigte Muzina sie. „Und hier stirbt auch niemand“, wandte sie sich mit resoluter Stimme an mich. „Dir ist nur ein bisschen übel. Das vergeht bald. Ich werde dir deinen Bauch massieren, dann geht es dir bald wieder besser.“

„Ja, wir helfen dir“, riefen die Magenhauptzellen.

„Ihr bleibt mir von dem Kleinen weg! Alles, was ihr anfasst, macht ihr kaputt!“ Schützend stellte sich Muzina vor mich und begann sanft meinen Körper zu streicheln.

Bald war meine Übelkeit wie von Zauberhand verschwunden. Doch die Massage war so wunderbar, dass ich immer noch so tat, als ob mir schlecht wäre. Aber Muzina war eine erfahrene Zelle. Sie merkte sofort, was mit mir los war.

„So, du kleiner Schauspieler, jetzt hast du genug Streicheleinheiten bekommen“, sagte sie in bestimmenden Ton.

„Danke“, murmelte ich, und wäre ich eine Katze gewesen, hätte ich geschnurrt. Kaum war ich wieder zum Leben erwacht, sprudelte es auch schon wieder voller Wissensdurst aus mir heraus: „Was war das für ein Schleim, mit dem du mich eingecremt hast? Warum haben die Wellen so lange gedauert? Warum dürfen die Magenhauptzellen nicht zu mir? Und wann kommen die Wellen wieder?“

„Langsam, langsam, nicht so hastig, eins nach dem anderen. Du bist ja ein ganz neugieriges kleines Kerlchen“, bremste Muzina lachend meinen Redeschwall. „Gut, hör zu: Der Schleim, den ich produziere, schützt die Magenwand und auch dich vor den Stoffen der Magenhauptzellen. Die produzieren nämlich zersetzende Salzsäure.“

„Warum machen die das? Sind das böse Zellen?“, fragte ich ängstlich und rückte sicherheitshalber wieder etwas dichter an Muzina heran.

„Nein, das sind ganz liebe Zellen. Aber wir brauchen die Salzsäure, damit alles richtig verdaut wird und die Nahrung nicht wie ein Klumpen im Magen liegen bleibt. Denn sonst bekommt der Mensch Bauchschmerzen“, erklärte Muzina.

„Aha. Und damit die anderen Zellen nicht auch verdaut werden, produzierst du für diese einen Schutzschleim“, schlussfolgerte ich. „Richtig, du hast sehr gut aufgepasst.“

„Und wer macht die Wellen?“

„Das sind die Magenmuskelzellen. Sie machen das, damit das Essen immer wieder durchgewühlt wird und die Magensäure überall hinkommt. Du musst dir den Magen wie eine riesige Mischmaschine vorstellen.“

„Und warum haben die Wellen diesmal so lange gedauert?“, fragte ich ein wenig vorwurfsvoll.

„Aber das war doch nicht lange!“, lachte mich Muzina liebevoll an. „Das waren gerade mal anderthalb Stunden. Das ist sehr kurz, denn der Mensch hat sehr gesunde Sachen gegessen: Obst, Gemüse und Kartoffeln. So was ist leicht für uns zu verdauen, und es macht Spaß. Manchmal isst der Mensch aber auch fette und schwerverdauliche Dinge: Pommes, Mayonnaise oder Bratwurst. Das ist unglaublich schwer zu verdauen und dauert sechs bis sieben Stunden. Danach sind wir dann völlig kaputt.“

„Sechs bis sieben Stunden“, rief ich erschrocken, „So lange? Das kann ja niemand schaffen! Arme Muzina! Weißt du was? Wenn ich im Gehirn bin, werde ich dem Menschen mal sagen, dass er das lassen soll, weil ihr sonst krank werdet. Ja, dem werde ich die Meinung sagen“, echauffierte ich mich.

„Du bist ein lieber Kerl“, murmelte Muzina mütterlich.

„Woher wisst ihr eigentlich, dass die Nahrung kommt und ihr mit der Verdauung anfangen müsst?“

„Oh, dafür gibt es die G-Zellen. Die stehen immer in Kontakt mit Mund, Nase und Augen. Und wenn der Mensch was Leckeres sieht, riecht oder schmeckt, geben sie den Magenmuskelzellen den Befehl, mit den Wellen anzufangen. Manchmal ist das allerdings ein bisschen früh, und dann entsteht das sogenannte Magenknurren. Manchmal klingt es wie Donnergrollen“, kicherte Muzina.

„Du meinst dieses Gerumpel, bevor die Wellen angefangen haben?“

„Ja, da hatte der Mensch Schokolade gerochen.“

„Wie viel Nahrung müsst ihr eigentlich so herummischen und zu Brei verarbeiten?“

„Der Mensch verzehrt im Laufe seines Lebens ungefähr 55 Tonnen Nahrung“, berichtete Muzina sachlich.

„55 Tonnen?“, fragte ich entgeistert. „Das sind ja sieben Lkws voll! Das ist ja der absolute Hammer! Eine Frage habe ich aber noch. Wenn ich dich nicht nerve.“

„Na, frag schon, was hast du noch auf dem Herzen?“, ermunterte mich Muzina.

„Wo ist die Nahrung jetzt?“

„Sie ist im Darm und wird dort fertig verdaut.“

„Der Darm, oh, da möchte ich auch hin“, rief ich abenteuerlustig.

„Dort dürfen rote Blutkörperchen nicht hin, das ist verboten“, antwortete Muzina mit strenger Stimme.

„Och, bitte, bitte, bitte, allerliebste Muzina, kannst du da nicht was machen?“

Muzina hatte ein viel zu weiches Herz, um meinen flehenden Augen zu widerstehen. „Okay, ich werde den Magenpförtner anrufen und ihn bitten, dass er meinen Verwandten, den Becherzellen, Bescheid sagen soll, dass sie dich ebenfalls mit Schleim überziehen.“

Und da Muzina eine Zelle der Tat war, kam schon bald der traurige Moment des Abschieds. Gerne wäre ich noch ein bisschen geblieben, aber das große Abenteuer Darm rief, und ehrlich gesagt, hatte ich auch ein wenig Angst, dass der Magen wieder anfangen würde sich zu schütteln. Zum Abschied gab ich Muzina noch eine extragroße Portion Sauerstoff und freute mich über ihr glückliches Lächeln. Dann schwamm ich zum Magenausgang und meldete mich vorschriftsmäßig beim Pförtner.

„Du bist ja ein rotes Blutkörperchen“, fuhr mich der Pförtner schroff an. „Dich lasse ich hier nicht durch! Was hat sich Muzina denn dabei gedacht?“

„Muzina und ich kennen uns schon lange, und sie weiß, wie extrem mutig und unerschrocken ich bin“, flunkerte ich und war froh, dass man mir die Lügerei dank meiner roten Farbe nicht ansah.

„Mir egal. Du kommst hier nicht durch“, knurrte er unbeeindruckt.

„Muzina ist bestimmt sauer auf dich, wenn du mich nicht durchlässt. Und der Magen wird dann die Nahrung nicht mehr richtig vorverdauen. Du wirst schon sehen, was du davon hast!“

Ich setzte alles auf eine Karte und hatte Glück. Widerwillig war der Pförtner nun bereit, mir die Einweisungen für den Darm zu geben. „Aber glaub bloß nicht, dass ich diese Aktion gutheiße“, brummte er, „ich mache das nur aus alter Freundschaft zu Muzina. Also, du schwimmst als Erstes durch den

Dünndarm."

„Ist der so dünn?", fragte ich.

„Ruhe, du sollst mich nicht unterbrechen!", schnauzte der Pförtner mich an. „Am Ende des Dünndarms schwimmst du durch eine Klappe, die Bauhin-Klappe, in den Dickdarm. Aber überleg es dir genau, denn dann gibt es kein Zurück mehr! Diese Klappe öffnet sich nämlich nur vom Dünndarm in Richtung Dickdarm, aber nicht andersherum. Der erste Teil des Dickdarms ist der Blinddarm."

„Oh, kann der nichts sehen?", fiel ich dem strengen Pförtner erneut ins Wort.

„Ruhe jetzt, du sollst mir zuhören!", herrschte er mich erneut an. „Der Blinddarm heißt Blinddarm, weil er eine Sackgasse ist, also blind endet. Das heißt, daran schließt sich dann nur noch der sogenannte Wurmfortsatz an. In den darfst du aber auf gar keinen Fall reinschwimmen. Er gehört nämlich nicht zum Darm, sondern ist ein Teil des Immunsystems und so eng, dass du da nicht mehr rauskommst. Wenn du also durch die Bauhin-Klappe gerutscht bist, schwimmst du zunächst nach oben, den aufsteigenden Dickdarm entlang. Aber ich warne dich: Es ist ziemlich anstrengend. Ich glaube nicht, dass du es schaffen wirst", brummelte der Pförtner, während er meinen kleinen kugeligen Körper musterte.

„Ich bin stark!", begehrte ich auf.

„Mmmh, wenn du meinst", grummelte der Pförtner in seinen nicht vorhandenen Bart und musterte mich von oben bis unten. „Danach kannst du dich ein bisschen beim Durchqueren des quer verlaufenden Teils ausruhen, bis es mit Schwung durch den absteigenden Teil in den S-Darm und dann in den Enddarm geht. Spätestens jetzt musst du durch eine Blutbahn wieder zurück in

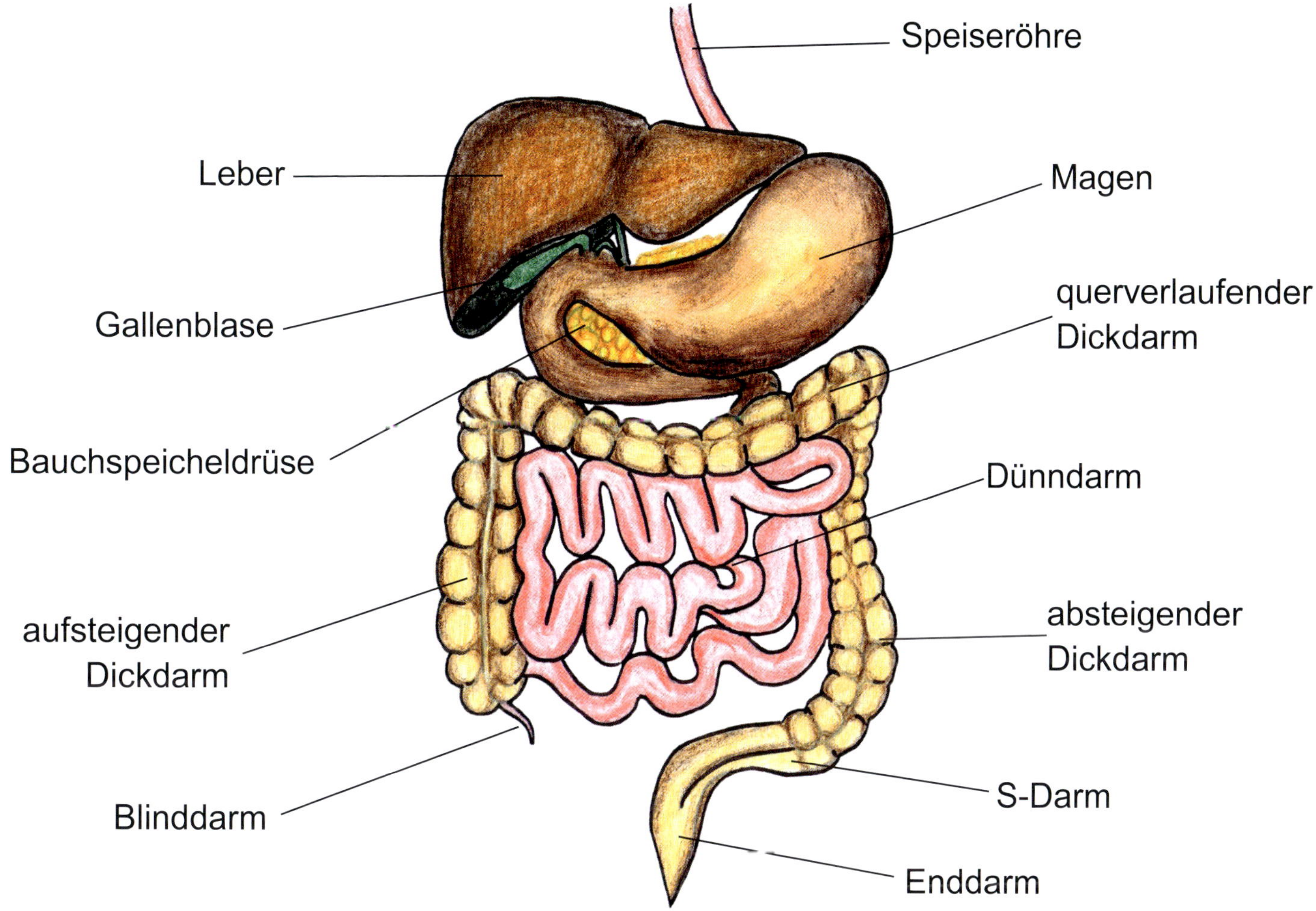

den Körper schwimmen, sonst wirst du für immer aus dem Menschen herausgeschissen."

„Alles klar", sagte ich und dachte: ‚Der braucht sich gar nicht so aufzuplustern. Gegen die Gefahren, die ich schon überstanden habe, ist das doch Kinderkram'.

Als hätte er meine Gedanken gelesen, fauchte er mich an: „Eigentlich müsste man einen so kleinen, arroganten Naseweis wie dich jämmerlich im Darm verrecken lassen. Aber das würde Muzina mir nie verzeihen. Also, kommen wir zu den Gefahren des Darms. Und wenn du mich noch mal unterbrichst, schicke ich dich wirklich sofort wieder zurück!“

„Ist ja schon gut“, murmelte ich leise.

„Wenn du in den Darm hineinschwimmst, meldest du dich als Erstes bei den Becherzellen. Das sind Cousinen von Muzina. Sie werden dich mit einer Schutzsalbe überziehen, die du auf keinen Fall wieder abwischen darfst. Dieser Film schützt dich davor, verdaut zu werden.“

Ich wollte gerade sagen, dass ich das schon alles aus dem Magen wusste, als sein strafender Blick meine Worte ersticken ließ.

„Pass auf, dass du dich im Darm nicht verirrst! Denn überall ragen Ausstülpungen in den Darm hinein, sogenannte Darmzotten. Wenn du durch die Bauhin-Klappe geschwommen bist, melde dich bei den Bakterien. Sie werden dich durch den Dickdarm begleiten. Aber freunde dich nicht zu sehr mit ihnen an.“

„Warum nicht?“

„Das wirst du schon merken. Und ich sage es dir noch mal: Wenn du nicht spätestens am Anfang des Enddarms den Darm wieder verlässt, bist du für immer verloren! So, jetzt schwimm los, und viel Glück.“

„Danke“, grunzte ich und hoffte, dass die Becherzellen etwas umgänglicher sein würden.

Der Darm: eine tolle Rutschpartie

Ich schwamm zuerst zu den Becherzellen. Die waren zwar nicht ganz so herzlich wie Muzina, aber eigentlich ganz nett. Besonders eine namens Töpfchen fand ich sympathisch. Töpfchen war sehr bemüht, mich minutiös mit einer dicken Schicht Schleim einzubalsamieren.

„Muss es wirklich so viel sein?“, fragte ich, während ich schon kaum mehr Luft bekam.

„Ja, der Darm ist nicht so harmlos, wie er aussieht. Der Dünndarm hat nämlich die Aufgabe, alles, was aus dem Magen kommt, zu zerkleinern, damit es in den Körper gelangen kann.“

„Verstehe ich nicht. Warum macht der Darm das? Der Magen hat doch schon alles klein gemacht“, fragte ich irritiert.

„Der Mensch isst die vielen Sachen nicht nur zum Spaß, sondern damit er Energie bekommt. Die Lebensmittel sind aber so groß, dass sie nicht ohne weiteres vom Körper aufgenommen werden können. Der Magen hat die Sachen schon prima verkleinert, aber eben noch nicht klein genug. Deswegen macht der Darm beispielsweise aus einem Stück Brot Traubenzucker, aus einem Stück Fleisch Eiweiße und aus einem Stück Fett ganz kleine Fetttröpfchen. Diese Sachen, Zucker, Eiweiße, Salze, Vitamine und Fettsäuren, gelangen dann über die Blutbahnen in den Körper, machen den Menschen satt und geben ihm Energie."

„Und wie macht der Darm das? Ist er auch so eine große Mischmaschine wie der Magen?", fragte ich ängstlich und dachte mit Schrecken an den Seegang im Magen.

„Nein, das geht hier anders", erklärte mir Töpfchen. „Meine Schwestern, die Körnerzellen, bilden sogenannte Enzyme."

„Was ist das denn schon wieder? Klingt kompliziert."

„Klingt kompliziert, ist es aber eigentlich nicht. Die Enzyme zersetzen mit Hilfe von Gallen- und Bauchspeicheldrüsensaft, die beide durch einen Gang in den Dünndarm geschüttet werden, die Nahrung."

„Und wo kommen diese komischen Säfte her?", fragte ich.

„Ich glaube, aus der Gallenblase und der Bauchspeicheldrüse. Aber genau weiß ich es auch nicht", nuschelte Töpfchen unsicher.

„Und Muzina sagt euch dann, wie und wann ihr arbeiten müsst?", fragte ich und dachte ehrfurchtsvoll an meine mütterliche Freundin.

„Nein, da muss ich dich enttäuschen. Die hormonbildenden Zellen im Darm sagen dem Magen, wann er entleert und wie viel Salzsäure produziert werden soll, wann und wie viel Gallen- und Bauchspeicheldrüsensaft in den Darm kommt und wann und wie viel Darmsaft gebildet werden soll."

„Mensch, da seid ihr hier im Darm aber ganz schön mächtig!"

„Na ja, jeder hat seine Aufgabe", murmelte die Becherzelle bescheiden.

„Okay, jetzt weiß ich, glaube ich, alles. Darf ich jetzt weiterschwimmen?"

„Ja, gerne, aber immer schön den Schleim drauflassen! Sonst wirst du auch zu Futter umgewandelt", ermahnte mich Töpfchen.

„Ja, das habe ich verstanden. Auch, wenn es ein ziemlich ekliges Gefühl ist, werde ich den Schutz bestimmt nicht ablegen. Denn ein Steak für meinen Menschen will ich dann doch nicht sein“, beruhigte ich die besorgte Becherzelle.

Ich verabschiedete mich und schwamm zwischen den Darmzotten hindurch in Richtung Dickdarm. Es machte Spaß, so lässig zwischen ihnen durchzuflutschen: Mal schwamm ich links, mal rechts, dann wieder rechts, dann zweimal links.

Die Gaudi war nicht nur wegen der Darmzotten und der Loopingform des Darms so groß. Sondern vor allem, weil der Dünndarm nicht, wie die anderen Organe, starr am Körper festgebunden ist, sondern sich lustig hin und her bewegen kann. Wenn der Mensch springt, hüpft er mit. Wenn er auf dem Kopf steht, rutscht er nach oben. Und wenn er lacht, schwabbelt er hin und her. Man kam sich vor wie in einer riesigen Looping-Irrgarten-Hängeschaukel.

Der Dünndarm ist auch nicht schmutzig und dreckig, wie man sich das vielleicht vorstellt, sondern hellrosa. Und da, wo das Essen nicht ist, ist er sogar ganz sauber. Trotzdem hatte ich bald keine Lust mehr. Mit Lymphina, meiner besten Freundin aus dem Kindergarten zusammen hätte es viel mehr Spaß gemacht. Wir hatten schon im Knochenmark immer gerne Verstecken gespielt. Aber das Knochenmark war im Vergleich zum Dünndarm wie ein Kinderspielplatz gegenüber Disneyland. Der Dünndarm ist wirklich riesig. Wenn man ihn mit all seinen Falten, Zotten und noch kleineren Zotten auseinanderbreiten würde, käme man auf die anderthalbfache Fläche eines Fußballfeldes! Diese Fläche braucht er, um alle Nahrungsmittel aufzunehmen.

Doch auch der größte Spielplatz macht allein nur halb so viel Spaß. Also beschloss ich, nun gezielt in Richtung Dickdarm zu schwimmen. Doch irgendwie hatte ich die Orientierung verloren. Ehrlich gesagt, hatte ich mich total verschwommen. Ich wusste überhaupt nicht mehr, wo ich war. Alles sah so gleich aus. Und dann war es auch noch schrecklich dunkel. Panik stieg in mir empor. Was ist, wenn ich hier nie mehr rausfinde? Hätte ich doch bloß auf Muzina gehört!

Vor Angst fing ich an zu schwitzen, was dazu führte, dass meine Schutzschleimschicht immer dünner wurde. Meine Schwimmbewegungen wurden schneller und hektischer. Endlich sah ich einen Lichtstrahl am Ende des Tunnels. ‚Das muss die Klappe sein', dachte ich und schwamm erleichtert darauf zu.

Plötzlich wurde ich von der Seite angesprochen: „Hallo, Eros, was machst du denn hier? Warum bist du zurückgeschwommen?"

Es war Töpfchen, meine Lieblingsbecherzelle.

„Zurückgeschwommen? Ist hier denn nicht die Bauhin-Klappe?", fragte ich irritiert. Während ich noch verwirrt schaute, hörte ich schon die griesgrämige Brummstimme des Pförtners: „Ist das etwa Eros? Schick ihn sofort zu mir hoch! Wenn der Kleine noch zu dumm ist, durch den Dünndarm zu schwimmen, ist sein Abenteuer hiermit vorbei!“

Tränen traten mir in die Augen und ich schaute hilfesuchend zu Töpfchen.

„Pssst!“, flüsterte Töpfchen und rief zum Pförtner, während sie mich intensiv mit Schleim einbalsamierte: „Nee, das ist nicht Eros, das ist nur eine unbedeutende Zelle, die ich noch nicht genügend einbalsamiert hatte.“

Der Pförtner brummte misstrauisch, und man sah ihm an, dass er Töpfchen nicht ganz glaubte. „Aber der sieht doch aus wie Eros.“

„Nein, Herr Pförtner, schaut doch nur: Dieser hässliche, unförmige und unästhetische Schleimpfropfen kann doch unmöglich ein wohlgeformtes rotes Blutkörperchen sein.“

„Ischbinnischthässlischundunäschthetisch“, motzte ich unter meiner Schleimschicht. Zum Glück jedoch war sie so dick, dass meine Worte nur unverständlich hervorkamen, der Pförtner sie nicht hörte und nicht weiter nachhakte.

„Danksche“, murmelte ich.

„So, jetzt musst du aber schnell los“, mahnte Töpfchen mich zur Eile. „Ich sag den Zotten Bescheid, dass sie eine Gasse für dich frei machen. Durch die musst du dann genau durchschwimmen. Weiche nie nach rechts oder links ab!“

„Dankschedubischteschtlieb“, blubberte es aus meinem klebrigen Mund hervor. Gerne hätte ich Töpfchen ein Sauerstoffmolekül gegeben, aber die waren unerreichbar unter der dicken Schleimschicht eingesponnen.

So machte ich mich ein zweites Mal auf den Weg. Diesmal schwamm ich stur durch die breite Gasse, die die Zotten mir öffneten. Der Weg wollte gar nicht enden, und ich hatte die Hoffnung schon fast aufgegeben, je anzukommen, als ich endlich einen großen Durchgang mit einer Klappe sah. ‚Das muss die Bauhin-Klappe sein', dachte ich. Zugleich hörte ich aber ein Donnergrollen, ähnlich wie im Magen, bevor das Essen gekommen war.

„Gibt es schon wieder was zu essen?", fragte ich mich selbst. Aber ich muss wohl laut gedacht haben, denn eine freundliche Darmzotte antwortete mir: „Nein, zu essen gibt es nichts. Aber zwischen den Mahlzeiten machen wir hier sauber, denn der Dünndarm ist sehr ordentlich und will immer alles ganz clean haben. Also, schwimm schnell weiter, damit du nicht mitentsorgt wirst."

Einen Moment zögerte ich noch und dachte an die Worte des Pförtners: „Ein Zurück gibt es nicht mehr".

Doch dann siegte meine jugendliche Abenteuerlust, und ich schwamm beim nächsten Öffnen zusammen mit einem riesigen Schwall von unappetitlich aussehendem Essenssaft durch die Bauhin-Klappe. ‚Eigentlich hätte das Essen im Dünndarm ja aufgenommen werden sollen, damit der Mensch groß und kräftig wird, aber anscheinend mag der Mensch auch nicht alles, und deswegen muss ich noch immer in dieser braunen Soße schwimmen', sinnierte ich. Kaum hatte ich diesen Gedanken zu Ende gedacht, wurde ich auch schon von einer Schar gickelnder und kichernder Bakterien umringt, die mich unverhohlen anstarrten.

„Hallo, du kleiner Schleimpfropf, wer bist du? Und was machst du hier?"

„Ich bin Eros, das schönste rote Blutkörperchen der Welt!"

„Quatsch, du bist ein ekliger Schleimpfropf! Mach dich erst mal sauber, damit wir dich sehen können“, hänselten mich die Bakterien.

„Nein, das geht nicht, das ist zu gefährlich für mich“, antwortete ich ängstlich.

„Papperlapapp, wahrscheinlich bist du da drunter nur so hässlich, dass du dich nicht zeigen willst“, frotzelte ein Bakterium. Und schon fingen die Bakterien an, mich zu waschen.

„Hilfe, nein!“, schrie ich, „ich werde sterben, schreckliche Enzyme werde mich zersetzen!“

Doch die Bakterien ließen nicht von mir ab. Nun hatte mein letztes Stündchen geschlagen. Schade, ich wollte doch noch so viel erleben. Traurig schloss ich meine Augen und wartete ergeben auf das Gefühl der Zersetzung.

„So, nun ist er endlich sauber. Warum er so viel Schleim um sich herumgehabt hat? Seine normale Farbe sieht doch viel hübscher aus“, kommentierte ein

Bakterium erstaunt.

„Hallo, schläfst du? Oder warum hast du die Augen zu?“, brüllte mich ein anderes an.

Vorsichtig öffnete ich die Augen und sah, wie sich Millionen von Bakterien über mich beugten.

„Hey, ich lebe ja noch!“, rief ich erfreut.

„Natürlich! Oder glaubst du, man stirbt an Sauberkeit?“, fragten mich mehrere Bakterien im Gleichklang.

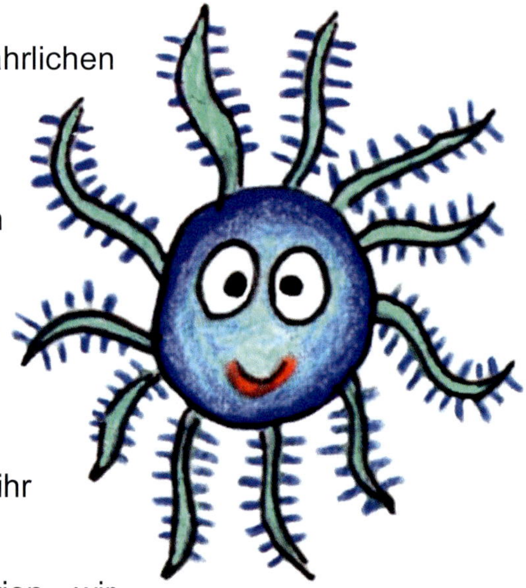

„Nein … Aber gibt es denn hier keine gefährlichen Enzyme?“, fragte ich erstaunt.

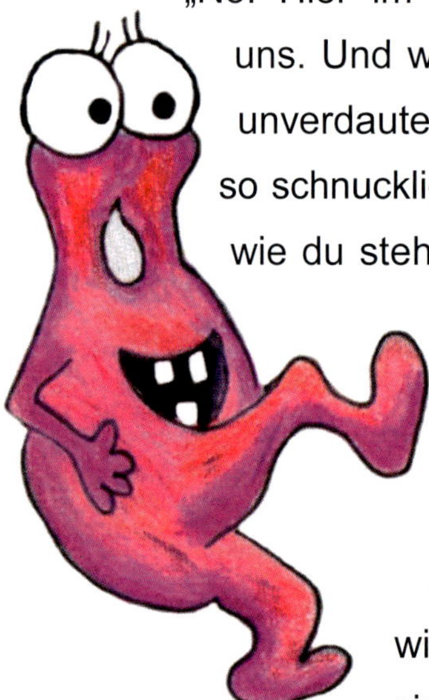

„Nö. Hier im Dickdarm gibt es nur uns. Und wir fressen nur die letzten unverdauten Nahrungsreste. Ein so schnuckliges rotes Blutkörperchen wie du steht gar nicht auf unserem Speiseplan.“

„Aha, und wer seid ihr eigentlich genau?“

„Wir sind E-coli-Bakterien, wir sind Lactobazillen, wir Klebsiellen, wir Bifidobakterien, wir Enterokokken“, schrien 100 Billionen Bakterien durcheinander, also ungefähr 14.000-mal mehr als Menschen auf der Erde.

„Hört auf, hört auf! So viele Namen kann ich mir sowieso nicht merken“, wehrte ich lachend ab. „Hat jemand von euch Lust, mir den Dickdarm zu zeigen?“

„Ja, ja“, riefen ein paar junge Bakterien begeistert.

„Okay, ich nehme dich und dich mit“, sagte ich und deutete auf zwei lustig dreinblickende Bakterien aus der ersten Reihe. „Wie heißt ihr?“

„Ich bin Bifi. Und ich bin Klebsiella“, antworteten mir die beiden begeistert.

„Prima. Können wir jetzt los?“

„Ja, komm! Wir machen Wettschwimmen durch die Zotten!“, rief Klebsiella und zischte los.

„Oh ja, das macht Spaß!“, rief ich und schwamm mit Klebsiella und Bifi munter tollend zwischen den Zotten des Dickdarms umher.

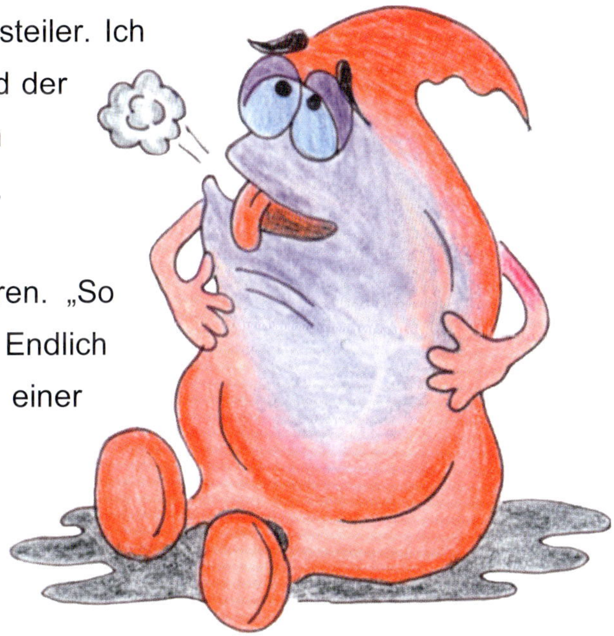

Doch plötzlich wurde der Weg immer steiler. Ich keuchte wie eine alte Dampfmaschine, und der Abstand zwischen mir und meinen beiden bakteriellen Freunden wurde immer größer.

„Wartet auf mich!“, schnaufte ich.

Doch sie schienen mich nicht zu hören. „So wartet doch!“, brüllte ich mit letzter Kraft. Endlich hatten die beiden Mitleid und hielten in einer scharfen Rechtskurve an.

„Uff, wie lange geht denn das noch so?“, fragte ich, nach Luft japsend.

„Du hast das Schlimmste, den aufsteigenden Dickdarm, geschafft. Jetzt geht es erst mal geradeaus, den quer verlaufenden Dickdarm entlang. Und dann kommt der Hauptspaß, der absteigende Dickdarm mit dem S-Darm.“

Und wirklich: Ab jetzt war der Weg angenehm. Allerdings wurde der flüssige Nahrungsbrei immer fester, was das Schwimmen erschwerte.

„Wo geht denn das ganze Wasser hin?“, fragte ich Bifi verblüfft.

„Es wird vom Darm resorbiert.“

„Resorbiert? Was bedeutet das?“

„Na ja, es geht zurück in den Körper. Den Weg, den du spätestens im Sigma auch gehen musst, damit du nicht aus dem Körper geschissen wirst.“

„Warum ist eigentlich immer noch so viel Essen im Darm? Ich dachte, alles geht im Dünndarm in den Körper. Oder hat der Mensch heute nicht so viel Hunger gehabt?“, fragte ich.

„Das ist normal“, antwortete Bifi. „Vieles aus der Nahrung kann der Mensch nicht gebrauchen, zum Beispiel Ballaststoffe. Und so kackt er sie wieder aus.“

„Warum isst er sie dann überhaupt? Dann wäre es doch viel sinnvoller, nur Schokolade zu essen?“, fragte ich weiter, etwas irritiert über die vulgäre Ausdrucksweise der Bakterien. Hier im Darm sprach man offenbar ständig vom Kacken und Scheißen.

„Nur Schokolade, das wäre ganz schlecht.“, klärte mich Klebsiella auf. „Im Gegensatz zum Dünndarm ist der Dickdarm ein bisschen faul. Er lässt sich gern Zeit und bewegt sich nur, wenn er voll ist. Deswegen ist der Nahrungsbrei auch so lange hier, manchmal zwölf bis zweiundvierzig Stunden. Im Dünndarm ist die Nahrung nur maximal fünf Stunden, obwohl er ungefähr viermal so lang ist wie der Dickdarm. Da die Ballaststoffe so prima quellen, drücken sie immer wieder gegen die Darmwand. Damit stupsen sie den Darm an, so als wollten sie sagen: He, du Faulpelz, nicht schlafen, bewegen! Würde das nicht passieren, würde das Essen und der Kot ewig im Dickdarm liegenbleiben.“

Inzwischen waren wir an der nächsten Rechtskurve angekommen. Die beiden hielten wieder an und grinsten zu mir rüber.

„So, jetzt beginnt der Spaß. Aber du musst uns versprechen, am Ende der S-Kurve den Darm über eine Blutbahn zu verlassen."

„Okay, aber vorher müsst ihr mir noch verraten, was hier so furchtbar stinkt."

„Mmmh, also, ehm, das ist so", stotterten die beiden hochrot. „Also, immer

wenn wir Nahrung verdauen, produzieren wir ein Gas. Und das riecht manchmal ein bisschen streng ..."

„Ein bisschen streng?", fragte ich. „Der Gestank ist ja nicht auszuhalten! Gebt doch ruhig zu, dass ihr ganz schrecklich furzt und pupst, um in eurer Sprache zu bleiben."

„Na ja, manchmal", gab Klebsiella beschämt zu. Die beiden waren süß, und es tat mir leid, dass ich sie mit meiner Fragerei so in Verlegenheit brachte, aber die ewige Furzerei war unmöglich.

Offenbar, um von sich abzulenken, drängten sie zur Weiterreise.

Also rutschten wir mit einer Riesengeschwindigkeit den Darm runter. Als wir so richtig Schwung hatten, kam der Hauptspaß: die rasante S-Kurve. Das machte so viel Gaudi, dass ich das am liebsten jeden Tag gemacht hätte, wenn … ja, wenn nicht dieser grässliche Gestank gewesen wäre! Je näher wir zum Darmausgang kamen, umso entsetzlicher wurde er. Daher war ich doch froh, als Bifi mir zurief: „Jetzt musst du raus!"

Ich rief den beiden noch ein halbersticktes „Tschüss!" zu und schwamm in ein Gefäß.

Die Leber: eine super Chemiefabrik

Jetzt musste ich erstmal tief Luft holen, bevor ich weiterschwimmen konnte. Puh, wie kann man nur so nett sein und gleichzeitig einen solchen Gestank fabrizieren. Eigentlich schade, denn ich wäre gerne mit Bifi und Klebsiella enger befreundet gewesen. Aber bei diesem Mief war das unmöglich. Die beiden waren zwei echte Stinkbomben.

Als ich mich geruchstechnisch wieder etwas erholt hatte, beschloss ich, mir nun Leber, Gallenblase und Bauchspeicheldrüse anzuschauen. Zum Glück wusste ich, dass man dafür das Pfortadersystem benutzen kann. Das sind Blutgefäße, die direkt zur Leber führen, also eine Art Umgehungsstraße. So muss man nicht erst durch den ganzen Körper schwimmen.

Bald schon tauchte die Leber vor mir auf: ein großes, braunes Gebilde, bestehend aus zwei Lappen. Munter schwamm ich in die Leber hinein und traf dort auf eine Million kleiner Leberläppchen.

„Hallo, ihr Leberläppchen, wie geht es euch? Was macht ihr? Wie heißt ihr?“, rief ich fröhlich in die Runde.

Doch es kam keine Antwort. Ich hatte das Gefühl, dass sie mich überhaupt nicht wahrgenommen hatten.

„Hallo“, rief ich noch mal, „hört mich denn keiner?“

Wieder keine Reaktion.

„Verdammt noch mal, seid ihr taub oder einfach nur arrogant?“

„Weder noch, wir haben einfach zu viel zu tun“, antwortete mir endlich ein

Leberläppchen kurz angebunden

„Aber für einen kleinen Plausch ist doch immer Zeit“, entgegnete ich.

Wieder keine Antwort. Kein einziger guckte hoch, alle arbeiteten verbissen weiter. Da fiel mir ein Trick ein.

„Ich habe auch eine leckere Portion Sauerstoff dabei“, säuselte ich verführerisch.

„Ach so! Ja, eine kleine zweite Frühstückspause wäre vielleicht gar nicht verkehrt“, antwortete endlich ein Leberläppchen. „Also, ein Sauerstoffmolekül für eine Frage“, bot mir das Leberläppchen als Deal an.

„Nee, mein Sauerstoff ist wertvoller“, pokerte ich. „fünf Fragen für einen Sauerstoffsnack.“

„Höchstens vier. Aber auch nur, weil ich gerade nicht so viel zu tun habe“, feilschte das Leberläppchen.

Ich merkte, dass ich den Bogen nicht überspannen durfte.

„Okay, ich bin Eros, und wie heißt du? Und das ist nicht die erste Frage, sondern reine Höflichkeit, damit das gleich klar ist!“

„Du bist ganz schön forsch, aber das gefällt mir. Ich bin Eiweiß-Lappi 2.395. Eines von einer Million Leberläppchen.“

„Und was machst du so den ganzen Tag, Eiweiß-Lappi 2.395?“

„Ich arbeite in der größten chemischen Fabrik des Körpers, der Leber. Ich bin für den Eiweißstoffwechsel zuständig. Das heißt, zum einen zerkleinere ich das Eiweiß, das aus dem Darm kommt, damit es vom Körper verwertet werden kann. Und zum anderen verwandle ich das verbrauchte Bluteiweiß in Harnstoff.“ „Warum? Was ist Harnstoff?“ „Wenn das Eiweiß vom Körper verbraucht ist, ist es nutzlos und für den Menschen giftig. Deswegen machen wir daraus Harnstoff, damit es aus dem Körper ausgepinkelt wird.“

„Und was machen die anderen Leberläppchen?“

„Tja, neben mir gibt es noch weitere 121.417 Eiweiß-Lappis. Und dann gibt es die Zucker-Lappis, die den Zucker verarbeiten und für Hungerzeiten speichern, die Fett-Lappis, die das Fett verarbeiten, die Gift-Lappis, die Giftstoffe wie Alkohol oder Medikamente abbauen, und nicht zuletzt die Gallen-Lappis, die den Gallensaft produzieren.“

„Ich denke, das macht die Gallenblase?“, fiel ich Eiweiß-Lappi 2.395 ins Wort.

„Nein, das ist ein Irrglaube. Und übrigens schon Frage Nummer vier, mein Freund.“

„Wie viel Gallensaft stellt ihr so her?“, fragte ich ungerührt weiter.

„Ungefähr ein Liter Gallensäure wird täglich von den Gallen-Lappis produziert und über die Gallengänge in die Gallenblase transportiert.“

Gern hätte ich noch weitere Fragen gestellt, aber ich wollte fair bleiben und bedankte mich brav bei Eiweiß-Lappi 2.395. Dann gab ich ihm das versprochene Sauerstoffmolekül. Es ist immer wieder schön zu sehen, wie viel Freude man mit diesen kleinen Sauerstoffpartikeln bereiten kann.

Die Gallenblase: ein echter Faulpelz

Ich kämpfte mich neugierig weiter durch die Leber und rutschte in ein Gallenkanälchen, um den Weg zur Gallenblase anzutreten. Die Gallenblase sah aus wie ein kleiner Luftballon. In ihr waren wenige Tropfen einer grünlichen, dickflüssigen Soße. Neugierig probierte ich den Saft – und begann sofort wie verrückt zu spucken und zu würgen.

„Igittigitt, so was Bitteres und Ekliges habe ich ja noch nie getrunken", jammerte ich. Verzweifelt versuchte ich den widerlichen Geschmack loszuwerden und spuckte und spuckte …

„He, wer macht hier so einen Krach und stört mich in meinem Schlaf, gähn?", ertönte plötzlich eine schlaftrunkene Stimme.

„Ich bin Eros, ein rotes Blutkörperchen. Ich habe nur ein bisschen von dieser schrecklichen grünen Brühe, dem Gallensaft, getrunken. Wer bist du eigentlich?"

„Wer schon? Eine Gallenzelle natürlich!"

„Aha. Aber wieso schläfst du am helllichten Tag? Musst du nicht arbeiten?"

„Nö, ich habe wahnsinnig viel Zeit. Hier ist es seeeehr langweilig, gähn. Ich warte den ganzen Tag darauf, dass der Mensch etwas Fettes isst und wir uns dann zusammenziehen dürfen, damit der Gallensaft in den Dünndarm gelangt, um dem Darm bei der Verdauung zu helfen, gähn. Aber der Mensch schiebt immer nur gesundes Zeug in sich rein, der alte Langweiler."

„Aha. Aber sag mal: Wo ist denn der restliche Gallensaft hin? Hier sind ja nur wenige Tropfen. Eiweiß-Lappi 2.395 hat mir erzählt, dass die Gallen-Lappis einen Liter Gallensaft pro Tag produzieren. Was macht ihr mit dem Rest? Trinkt ihr etwa auch davon?“

„Pfui Teufel, bist du verrückt? Das schmeckt doch nicht! Nur dumme rote Blutkörperchen trinken davon.“

„Na hör mal, ich hab doch nur mal probiert“, protestierte ich. „Und was macht ihr sonst damit?“

„Wir dicken ihn ein. Das heißt, wir entziehen ihm das Wasser.“

„Und was macht ihr sonst den ganzen Tag?“

„Na, nichts.“

„Das ist aber ein bisschen wenig. Da könnte ich dir zum Beispiel erzählen, was die Herzzelle alles macht, und erst die Magenzelle. Oder vielleicht fange ich doch mit den Leberzellen an …“

Ein seltsamer Ton unterbrach meinen Redeschwall: Rrrhhhpff, rrrhhhpff …

„Da wird doch der Erosamus im Knochen verrückt“, schimpfte ich leise vor mich hin, als ich begriff, dass die faule Gallenzelle schon wieder eingeschlafen war.

„Hallo, hallo!“, rief ich. Doch auch das heftige Anstoßen mit meinem Körper konnte sie nicht wieder aufwecken.

„Wie kann man nur so faul und verpennt sein? Ich werde dich Faulchen taufen. Na gut, wenn du nicht mit mir reden willst, schwimme ich eben zur Bauchspeicheldrüse“, versuchte ich die Gallenmuskelzelle bei ihrer Ehre zu packen. Doch diese rührte sich noch nicht einmal, sondern schlief einfach weiter.

„Tschüss, Faulchen!“

Doch als Antwort kam nur ein lauter Schnarcher. ‚Bin ich froh, dass ich nicht so träge bin‘, dachte ich. Und schwamm in den Gallenblasengang.

Die Bauchspeicheldrüse: alle sind sich spinnefeind

‚Jetzt muss ich aufpassen, dass ich nicht wieder im Dünndarm lande‘, dachte ich, als sich plötzlich ein weiterer Gang auftat. ‚Das muss der Bauchspeicheldrüsengang sein‘, überlegte ich und kämpfte mich mühselig falsch herum bis zur Bauchspeicheldrüse durch.

Als Erstes traf ich dort eine Drüsenzelle.

„Hallo, bin ich hier in der Bauchspeicheldrüse?“, sprach ich sie gleich an.

„Ja, du bist jetzt im Kopf der Bauchspeicheldrüse. Und ich bin Drüsinchen.“

„Drüsinchen, das ist aber ein netter Name. Was machst du so den ganzen Tag?“, plauderte ich fröhlich weiter.

„Hier im Kopf werden täglich ein bis zwei Liter Bauchspeicheldrüsensaft produziert.“

„Toll. Und wozu ist der gut?“

„Was für eine Frage! Er ist bei der Verdauung wichtig, zum Beispiel von Fleisch, Pommes oder Nudeln.“

„Und wo es einen Kopf gibt, ist doch bestimmt auch der Schwanz nicht weit entfernt“, fragte ich rhetorisch.

„Für ein kleines rotes Blutkörperchen bist du ganz schön klug“, meinte Drüsinchen gönnerhaft.

„Ich bin Eros, das tollste Blutkörperchen der Welt!“, rief ich zornerfüllt.

„Entschuldigung, ich wollte dich nicht beleidigen“, beschwichtigte mich Drüsinchen.

„Okay, Entschuldigung angenommen. Aber dafür musst du mit mir in den Bauchspeicheldrüsenschwanz schwimmen.“

„Nein, da gehe ich nicht hin“, antworte die Drüsenzelle.

„Warum nicht?“, fragte ich erstaunt.

„Wir verstehen uns nicht. Wir wollen nichts miteinander zu tun haben.“

„Warum nicht?“, fragte ich noch einmal, „sind die nicht nett?“

„Weiß ich nicht. Sie sind anders. Sie produzieren etwas anderes. Wir verstehen uns nicht“, antwortete Drüsinchen einsilbig.

„Hast du denn schon mal mit ihnen gesprochen?“

„Nein. Will ich auch nicht“, kam die bockige Antwort.

„Aber du kannst doch nicht jemanden verurteilen, den du gar nicht kennst, mit dem du noch nie gesprochen hast, nur weil er anders ist.“

„Mmmh. Die sind aber bestimmt alle eingebildet. Die leben nämlich auf Inseln“, gab Drüsinchen starrköpfig zurück und schaute mich triumphierend an.

„Auf Inseln? Das klingt spannend. Weißt du was? Ich werde sie jetzt besuchen. Und wenn du nicht willst, dann auch ohne dich.“

Diese Antwort hatte Drüsinchen nicht erwartet und entgegnete deswegen ein wenig halbherzig. „Tu, was du nicht lassen kannst. Aber ich habe dich gewarnt.“

„Es wird schon gutgehen“, sagte ich und schwamm weiter in den Schwanz der Bauchspeicheldrüse.

Dort fand ich ganz viele kleine Inseln. Mutig schwamm ich auf die nächstliegende zu und stupste dort die erste Zelle an.

„Hallo, ich bin Eros! Und wer bist du? Und was machst du?"

„Ich bin Beta. Und ich produziere mit meinen Schwestern und Brüdern ein sehr wichtiges Hormon, das Insulin."

„Und warum tust du das?", fragte ich.

„Wenn die Nahrung aus dem Darm aufgenommen wurde, wird sie im Körper zu Zucker umgewandelt. Zucker ist die Hauptenergie für den Körper, so wie Benzin für das Auto. Damit der Zucker in die Zelle hineinkommt, braucht der Körper unser Insulin. Aber nicht der ganze Zucker wird im Körper gebraucht. Der Rest wird in Form von Stärke im Muskel und in der Leber gespeichert."

„Ja, das weiß ich, das wird in der Leber von den Zucker-Lappis gemacht!", rief ich vorlaut dazwischen.

„Richtig. Und wenn der Körper dann wieder Energie braucht, kommen meine Cousinen und Cousins zum Einsatz."

„Deine Cousinen und Cousins? Wer sind die denn?"

„Die Alphazellen. Sie wohnen auch hier auf den Inseln und produzieren ein anderes Hormon, das Glukagon."

„Und wofür ist das schon wieder gut? Immer diese komplizierten Namen!"

„Sorry. Die haben nicht wir erfunden, sondern die Ärzte. Das Glukagon jedenfalls sorgt dafür, dass die Stärke wieder in Zucker umgewandelt wird, damit die Zellen wieder Energie bekommen."

„Mensch, ihr seid aber ein tolles Team und mächtig wichtig!"

„Ach, so wichtig sind wir auch wieder nicht. Ich finde die Drüsenzellen im Kopf der Bauchspeicheldrüse viel wichtiger. Denn ohne ihren Saft könnte die Nahrung gar nicht verdaut werden, und der Zucker würde nicht in den Körper gelangen", antwortete Beta bescheiden.

„Du bist aber nett! Das muss ich unbedingt Drüsinchen aus dem Kopf erzählen. Die hat nämlich ein total falsches Bild von euch. Wie viele Schwestern, Brüder, Cousinen und Cousins hast du eigentlich?"

„So genau weiß ich das gar nicht. Auf dieser Insel leben etwa 3.000 Zellen. Aber es gibt, glaube ich, so anderthalb Millionen kleine Inseln hier. Willst du meine Verwandtschaft kennenlernen? Ich könnte sie dir vorstellen. Das dauert allerdings ein bisschen", bot Beta freundlich an.

„Nee, so viel Zeit habe ich leider nicht. Aber ich schwimme jetzt zu Drüsinchen zurück und erzähle ihr, wie nett ihr seid. Vorher jedoch bekommst du noch ein leckeres Sauerstoffmolekül von mir."

„Du bist lieb. Grüße die Zelle im Kopf . Vielleicht kann ich sie ja mal besuchen?"

„Ja, das wäre doch schön", sagte ich und schwamm zurück zum Kopf .

„Hallo, Drüsinchen, ich war bei Beta im Schwanz, und du wirst es nicht glauben, die ist total nett! Sie produziert Insulin und das …", rief ich schon von weitem und erzählte Drüsinchen alles ganz ausführlich. Es lohnte sich, denn am Ende meines Redeschwalls fand Drüsinchen Beta auch sympathisch.

Danach schwamm ich weiter. Natürlich nicht, bevor ich auch Drüsinchen ein Sauerstoffmolekül geschenkt hatte.

Die Augen: Tsunami in der Dunkelheit

Meine Reise durch den Körper war noch lange nicht zu Ende. Als Nächstes beschloss ich, ganz nach oben in den Kopf zu schwimmen. Denn von ihm hatte ich schon wahre Wunderdinge gehört.

Anfangen wollte ich mit den Augen. Ich hatte allerdings nicht bedacht, dass der Weg nach oben sehr weit und anstrengend ist. Beinahe wäre ich am oberen Venenbogen falsch abgebogen, und es hättc nicht viel gefehlt, und ich wäre wieder im Herzen gelandet. In letzter Sekunde bemerkte ich jedoch meinen Fehler.

Als ich oben ankam, war ich ziemlich erschöpft und fiel deswegen auch gleich bei der Augenzelle mit der Tür ins Haus, also ins Auge.

„Wie macht ihr das eigentlich mit dem Gucken, damit der Mensch weiß, was so los ist?“

„He, aus welcher Kinderstube kommst du denn? Kannst du nicht ‚Hallo‘ sagen und dich erstmal vorstellen?“, mokierte sich die Augenzelle.

„Entschuldige, das ist eigentlich gar nicht meine Art. Ich war nur so glücklich, den weiten Weg hier hoch geschafft zu haben, da habe ich wohl meine gute Erziehung vergessen“, verteidigte ich mich mit schlechtem Gewissen.

„Ja, wir sind tatsächlich ziemlich weit oben“, stimmte mir die Augenzelle, schon wieder besser gelaunt, zu.

„Ich fang am besten noch mal von vorne an. Ich bin Eros, ein rotes Blutkörperchen und auf dem Weg, den Körper zu erkunden.“

„Na also, geht doch“, erwiderte die Augenzelle und stellte sich mir als Gucki vor. Danach kam sie bereitwillig auf meine erste Frage zurück.

„Das mit dem Gucken ist so wie bei einer Kamera. Die Pupille ist sozusagen die Blende der Kamera: Sie bestimmt, wie viel Licht ins Auge kommt. Das Licht geht zunächst durch die Hornhaut, dann durch das Kammerwasser, die Linse und den Glaskörper. Die vier Augenelemente sind sozusagen das Objektiv. Dahinter werden die vielen Lichtstrahlen zu einem Bild gesammelt. Dieses Bild trifft dann auf die Netzhaut, also auf uns, die Augenzellen. Wir sind quasi der Film. Deswegen werden wir auch Sinneszellen genannt. Dieses Bild

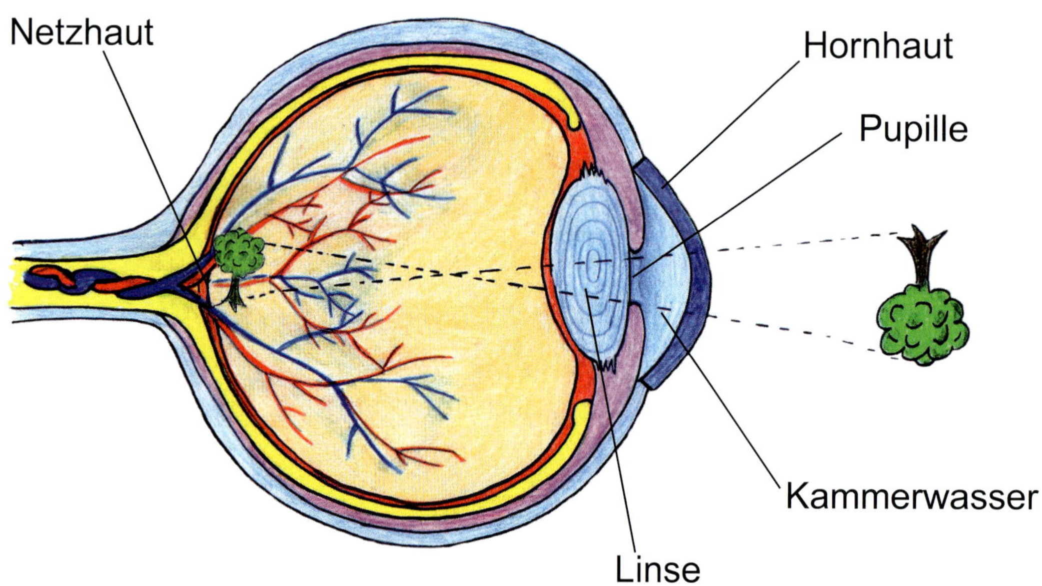

ist allerdings noch verkleinert und falsch herum. Wir leiten dieses Bild dann weiter ins Gehirn, wo es wieder richtig herum gedreht und vergrößert wird.“

Bewundernd lauschte ich Guckis Ausführungen.

„Mensch, das Gehirn muss wirklich toll sein! Aber es gibt doch, glaube ich, zwei Augen. Schläft ein Auge immer? Oder warum sieht der Mensch nur ein Bild, wenn er doch zwei Augen hat?“, fragte ich neugierig.

„Zum richtigen Sehen braucht der Mensch zwei Augen, denn das Gehirn macht aus den zwei flachen Bildern ein plastisches Bild, ein 3-D-Bild.“

„Wozu das?“

„Na, damit der Mensch sich besser orientieren kann! Dic Umgebung um ihn rum ist schließlich räumlich, nicht flach!“

„Ach ja, stimmt …“

„Es wird aber noch toller: Weil wir 60 Bilder pro Sekunde aufnehmen, macht das Gehirn daraus nicht nur 3-D-Bilder, sondern sogar einen richtigen 3-D-Film.“

„Irre, was das Gehirn alles kann! Es passt auf die Atmung auf, es kontrolliert die Bewegungen des Magens und sortiert auch noch die Bilder. Ich glaube, das Gehirn ist das absolute Superorgan!“

„Da hast du wohl recht. Aber sprich noch mit den Sinneszellen von Nase, Ohren und Mund über das Thema. Die können dir noch weitere tolle Sachen vom Gehirn erzählen“, empfahl mir Gucki, als es plötzlich dunkel wurde.

„Hilfe“, schrie ich, „ich bin erblindet!“

Doch so schnell, wie die Dunkelheit gekommen war, verschwand sie auch wieder.

„He, wer hat denn das Licht ausgemacht?“, rief ich vorwurfsvoll.

„Das waren die Augenlider“, erklärte Gucki.

„Und warum haben sie es dunkel gemacht?“, fragte ich irritiert.

„Die Augenlider tun das immer, wenn etwas Gefährliches auf das Auge zukommt, um uns zu schützen. Oder auch, wenn das Auge trocken wird, um es wieder zu befeuchten.“

„Ach, dann sind die gar nicht frech, sondern nett?“

„Ja, ohne die Augenlider und die Wimpern hätten wir schon viele Verletzungen. Sie passen auf uns auf und schützen uns. So, jetzt musst du dich aber gut festhalten!“, warnte Gucki mich hastig. Kaum hatte er es mir zugerufen, als auch schon eine Wasserwelle auf mich zuströmte.

„Hilfe, ein Tsunami!“, rief ich und klammert mich verzweifelt fest. Immer mehr Wasser kam, floss durch das Auge hindurch und unten aus ihm wieder raus.

„Hilfe, ich habe doch nur das Seepferdchen!“, schrie ich und schluckte immer mehr Wasser.

Kurz vor dem Ertrinken hörte der Schwall endlich auf. Doch ich hatte wohl etwas zu viel Wasser geschluckt und lag leblos am Boden. Zum Glück wusste Gucki jedoch, was zu tun war. Wie verrückt drückte sie auf meinem Bauch herum, damit das Wasser wieder aus meinem Körper kam. Endlich bekam ich wieder Luft.

„Was war das denn?“, prustete und hustete ich.

„Das waren Tränen. Die kommen immer, wenn der Mensch Zwiebeln schneidet oder traurig ist.“

„Ich verbiete meinem Menschen, traurig zu sein und Zwiebeln zu schneiden!“, rief ich laut, damit der Mensch es auch hörte.

„Das nutzt nichts“, lachte die Sinneszelle, „wir haben keinen Einfluss auf das Verhalten des Menschen. Der Mensch macht, was er will.“

‚Na, das werden wir noch sehen‘, dachte ich trotzig, nicht ahnend wie wahr meine Worte bald sein würden. Laut meinte ich zu Gucki: „Schon erstaunlich, dass ausgerechnet während meines Besuchs bei dir die Augenlider geschlagen haben und Tränen geflossen sind.“ „Das ist gar nicht so erstaunlich, wenn man bedenkt, dass die Augenlider 415 Millionen Mal im Laufe eines Menschenlebens schlagen, und der Mensch in dieser Zeit 5.000 Liter Tränenflüssigkeit vergießt. Aber jetzt ist ja beides erst mal vorbei. Du kannst dich wieder gefahrlos bewegen.“

„Prima! Dann rutsche ich jetzt fix runter zur Nase, bevor es wieder dunkel und nass wird.“

Schnell gab ich Gucki ein Sauerstoffmolekül und kugelte dann den Tränenkanal hinunter in Richtung Nase.

Die Nase: 5000 Gerüche

In der Nase angekommen, sah ich als erstes 10 Millionen Riechzellen. Sie waren dicht behaart und bedeckt von Schleim. ‚Oh nein, nicht schon wieder Schleim', dachte ich entsetzt. ‚Wahrscheinlich gibt es auch hier wieder irgendwelche gefährlichen Enzyme, vor denen ich mich schützen muss.' Ich machte mich schon darauf gefasst, wieder mit ekligem Schlabber überzogen zu werden …

„Hallo, ich bin Eros. Ich leg mich schon mal auf den Rücken, damit ihr mich einsalben könnt", rief ich resigniert. Ja, ich war bereit, mich ins Unvermeidliche zu ergeben.

Aus dem mir antwortenden Stimmengewirr hörte ich ein piepsiges Fistelstimmchen heraus: „Hallo, ich bin Schnüffelchen, eine ganz kleine und junge Riechzelle. Komm rüber, damit wir uns besser unterhalten können. Ich kann noch nicht so gut riechen und habe Zeit für dich."

„Muss ich mich nicht erst einbalsamieren, damit mir nichts passiert?", fragte ich verdutzt.

„Nö, warum?", erwiderte Schnüffelchen erstaunt.

„Aber ihr seid doch auch alle mit so einem Schleim überzogen."

„Ja, aber der dient uns doch nicht zum Schutz."

„Sondern?"

„Die Luft, die der Mensch atmet, ist nicht ganz sauber. Und damit der Dreck nicht in die Lunge kommt und alles verschmutzt, wird er hier mithilfe unseres Schleims rausgefiltert.“

„Ach, deswegen sieht euer Schleim auch so dreckig aus!“

„Och, findest du mich etwa nicht hübsch?“, fragte Schnüffelchen so traurig, dass es mir fast mein Erythrozytenherz zerriss.

„Nein, nein, so war es nicht gemeint!“, beteuerte ich. „Du bist die hübscheste Riechzelle, die ich kenne!“

Schnüffelchen strahlte, und ich hatte noch nicht einmal gelogen, denn ich kannte ja gar keine andere Riechzelle.

„Und warum habt ihr so viele Haare? Friert ihr?“

„Nein, unsere Härchen, die sogenannten Cilien, dienen ebenfalls als Schmutzfang.“

„Dann seid ihr ja eine richtige Putzkolonne. Ihr hättet mal im Kinderzimmer von Plattina und Plattino aufräumen sollen, da sah es immer so chaotisch aus.“ Einen Moment lang dachte ich wehmütig an Lymphina, Plattina und Plattino, B-Lymphi, Killi, Nimmersatt und meine ganzen anderen Jugendfreunde, und ich bekam Heimweh. Doch zum Glück holte mich das lustige Plappern von Schnüffelchen wieder aus meinen traurigen Gedanken.

„Ja, im Saubermachen sind wir richtig klasse. Aber wir können noch was viel Tolleres. Wir können sage und schreibe fünftausend verschiedene Düfte erschnuppern. Riech mal, jetzt kommt zum Beispiel gerade ein Orangenduft. Und jetzt Lavendel. Und jetzt Pfirsich. Und jetzt …

och, das mag ich gar nicht: Knoblauch."

„Ich kann keinen Unterschied erkennen", murmelte ich. „Kannst du wirklich fünftausend Gerüche voneinander unterscheiden?", fragte ich ehrfürchtig.

„Na ja, nicht ganz, das muss ich erst noch lernen. Aber ein Schwager von mir, der Mann meiner 20.375zigsten Schwester, kann es. Der ist ein Meisterriecher."

„Und wie viele Jahre braucht man, um das zu lernen?"

„Das muss man sehr schnell lernen, denn wir leben leider nur vier Wochen lang. Deswegen muss ich jetzt auch wieder in die Riechschule. Obwohl ich da gar nicht gerne hingehe", sagte Schnüffelchen traurig.

„Warum denn nicht? Schule ist doch was sehr Wichtiges und Gutes. Wenn du fleißig dort hingehst, kannst du bestimmt bald auch alle Gerüche erkennen", versuchte ich Schnüffelchen für die Schule zu begeistern.

„Aber meine Lehrer meinen, ich bin die Dümmste", beklagte sie sich.

„Das glaube ich nicht. Lymphina, meine Freundin, muss auch in die Schule, und für mich bist du sowieso superspitzenklasse", versuchte ich sie aufzumuntern. Doch als ich merkte, dass alle meine Worte nichts nutzten, setzte ich das Glücklich-mach-Allheilmittel ein: „Hier, ein Sauerstoffmolekülchen nur für dich! Dann geht das Lernen gleich viel besser."

„Danke!", strahlte Schnüffelchen, „das ist lieb von dir. Jetzt muss ich aber wirklich los. Sonst bekomme ich wieder eine Strafarbeit und muss den ganzen Tag eklige Gerüche riechen."

„Ja, beeil dich, damit du nicht zu spät kommst!", meinte ich zu Schnüffelchen, obwohl ich gern noch mehr von ihr erfahren hätte.

„Schwimm doch rüber zu Riechos, der kann dir ganz viel von uns erzählen“, gab Schnüffelchen mir noch einen Tipp, bevor sie sich auf den Weg machte.

„Aber wo finde ich ihn?“, rief ich Schnüffelchen hinterher, aber die war gedanklich schon so mit der Riechaufgabe beschäftigt, dass sie mich nicht mehr hörte.

Also fragte ich die nächstbeste Riechzelle nach Riechos.

„Ganz einfach!“, meinte sie. „Du schwimmst zunächst 4.382 Zellen geradeaus, dann 3.895 Zellen nach links, danach 40.217 Zellen nach schräg rechts, dann noch 30.654 Zellen nach oben, und schon bist du da.“

„Aha, alles klar“, sagte ich nicht sehr überzeugt.

„Grüß ihn von mir“, rief die nette Riechzelle mir noch nach.

Doch ich konnte nicht antworten, denn ich musste ja zählen, um nicht falsch abzubiegen: „2.385, 2.386, 2.387, wann sollte ich jetzt nach links abbiegen? 3.497? Oder war es 3.496?“

Ich musste noch ein paar Mal nach dem Weg fragen, bis ich Riechos endlich gefunden hatte. Bei ihm angekommen, war ich so fertig, dass ich gar nicht mehr wusste, was ich ihn eigentlich fragen wollte.

„Ruh dich erst mal ein bisschen aus“, empfahl mir Riechos freundlich. „Ich gehe inzwischen ein bisschen riechen. Bis später!“

Doch den Satz bekam ich schon gar nicht mehr mit; erschöpft fielen mir die Augen zu.

Ich weiß nicht, wie lange ich geschlafen hatte, aber als ich die Augen wieder öffnete, fühlte ich mich voller Tatendrang. Riechos lächelte mich freundlich an.

„Na, kleiner Schlafratz, wieder munter? Was wolltest du mich denn fragen, dass du den weiten Weg auf dich genommen hast?“

„Ich komme von Schnüffelchen. Aber die hatte keine Zeit mehr, die musste in die Schule.“

„Ja, Schnüffelchen muss noch viel lernen. Vor allem, weil sie immer nur die schönen Gerüche riechen will, schlechte Gerüche will sie einfach nicht lernen.“

„Das kann ich verstehen. Ich war im Darm, und da haben die Bakterien einen Gestank gemacht … grauenhaft!“

„Oh, da gibt es noch viel schlimmere Gerüche“, bemerkte Riechos fachkundig.

„Mir hat es gereicht! Uff, bin ich froh, dass ich keine Riechzelle bin“, bemerkte ich erleichtert.

„So anstrengend ist unser Leben gar nicht. Wenn wir Riechzellen mit der Schule fertig sind, spezialisieren wir uns auf einen Lieblingsgeruch. Und dann müssen wir nur noch arbeiten, wenn dieser Geruch kommt. Die restliche Zeit über können wir schlafen.“

„Hoffentlich wird Schnüffelchen bald mit der Schule fertig, damit sie das Leben genießen kann“, bemerkte ich mehr zu mir selbst als zu Riechos.

„Was macht ihr denn, wenn ihr den Geruch erkannt habt?“

„Dann geben wir diese Information an das

Gehirn weiter."

„Schon wieder dieses Superorgan", schwärmte ich. „Aber warum ist hier in der Nase so ein furchtbarer Wind?"

„Wir können besonders gut riechen, wenn der Mensch die Luft schnell durch die Nase zieht", erklärte Riechos freundlich.

„Ich bewundere euch Riechzellen. Ihr reinigt die Luft und erkennt fünftausend verschiedene Gerüche."

„Ja, aber das ist noch lange nicht alles. Die Blutgefäße in der Nase erwärmen auch noch die Luft, und die Schleimtröpfchen befeuchten sie. Denn die Lunge ist ganz schön empfindlich und braucht immer warme, feuchte, saubere Luft."

„Ja, stimmt", unterbrach ich Riechos, „Luftikus, das Lungenbläschen, ist eine kleine Frostbeule und mir hat die saubere Luft in der Lunge unheimlich gutgetan. Ich habe gleich ein extragroßes Paket Sauerstoff mitgenommen."

„Ja, und außerdem leiten wir noch …", erzählte Riechos weiter, als er plötzlich abbrach. „Achtung!" rief er und packte mich fest.

Mikrosekunden danach kam schon wieder ein Wasserschwall, der an die Niagarafälle erinnerte. Ohne Riechos´ Hilfe hätte es mich einfach weggespült. Nach kurzer Zeit war der Spuk zum Glück wieder vorbei.

„Was war das denn schon wieder?", bemerkte ich vorwurfsvoll. „Langsam glaube ich, ich bin hier nicht in einem Menschen, sondern in einer Badeanstalt!"

„Das wollte ich dir gerade erzählen", fuhr Riechos fort. „Wir leiten nämlich auch noch das Tränenwasser von den Augen über die Nase in den Rachen und dann in den Magen."

„Du meinst, der Mensch hat schon wieder geweint?“ ‚Warum weint er so viel?‘, überlegte ich, bevor ich laut fortfuhr: „Toll, was ihr alles könnt. Das hätte ich der kleinen Nase gar nicht zugetraut.“

„Na ja, bei manchen Menschen ist die Nase ganz schön groß“, erwiderte Riechos lachend. Plötzlich begann die Nase zu zittern, und Riechos rief erschrocken: „Schnuffi, Cilios, Riecholino, Stinki, Dufti, kommt schnell und haltet Eros fest!“

Sofort eilten die Nasenzellen herbei und umklammerten mich so fest, dass ich Angst bekam, sie würden mich erdrücken. Millisekunden später fegte ein Tornado der höchsten Stufe durch die Nase. Schleimpfropfen, Dreck und Wassertröpfchen flogen mir nur so um die Ohren, und es toste und brauste wie auf hoher See. Doch so schnell der Orkan gekommen war, legte er sich auch schon wieder, und die Riechzellen ließen mich los.

„Was war das denn, um Himmels willen?“

„Der Mensch musste niesen.“

„Niesen?“

„Ja, so ein Niesstoß hat eine Geschwindigkeit von 160 Stundenkilometern! Alles, was in diesem Moment nicht fest verankert ist, wird aus der Nase rausgeschleudert.“

Bei dem Gedanken, dass mein Leben beinahe in einem vollgerotzten Taschentuch geendet hätte, wurde ich im Nachhinein noch ganz blass vor Angst. Riechos, der mir den Schrecken ansah, tätschelte mich beruhigend.

„Du brauchst keine Angst zu haben. Das war ein einmaliges Ereignis. Der Mensch hat nämlich keinen Schnupfen, sondern ihn hat nur was in der Nase gekitzelt. Hast du noch weitere Fragen?“

„Nein, ich glaube, ich weiß jetzt alles. Ich schwimme jetzt lieber weiter in den Mund. Wie komme ich da eigentlich am besten hin?“

„Der Mund. Was wollen alle nur immer im Mund? Die Nase ist dir wohl nicht gut genug! Okay, ist ein bisschen kompliziert, aber ich werde versuchen, es dir zu erklären: Du schwimmst zunächst die Nase entlang runter bis zum Rachen. Dort kommt in der Mitte ein Zäpfchen. An dem hältst du dich fest. Das darfst du auf gar keinen Fall verpassen, sonst rutschst du über die Speiseröhre in den Magen!“, beschwor Riechos mich. „Wenn du einen Halt am Zäpfchen gefunden hast, kitzelst du es so lange, bis der Mensch zu husten anfängt. Und wenn ein richtig kräftiger Hustenstoß kommt, holst du noch einmal ordentlich Schwung und lässt dich mit der Luft nach vorne in den Mund schleudern. Da musst du dich aber sofort an etwas festhalten, sonst wirst du aus dem Mund katapultiert“, schloss Riechos seine theatralische Wegbeschreibung ab.

„So mache ich das, Riechos. Danke für deine Hilfe!“

Ich warf ihm noch ein leckeres Sauerstoffmolekül zu, dann machte ich mich auf den Weg.

Der Rachen: sehr kitzelig

Vorsichtig und langsam rutschte ich die Nase entlang zum Rachen. Das ging am Anfang gut. Doch je näher ich dem Rachen kam, umso steiler wurde es. Nur mit größter Anstrengung konnte ich verhindern, dass ich abrutschte. Endlich sah ich das Zäpfchen. Es baumelte in der Mitte des Rachens in der Luft rum. Riechos hatte mir allerdings verheimlicht, dass es nicht still dort hing, sondern sich munter bewegte.

Ich hatte jetzt nur eine einzige Möglichkeit: Ich musste mich im freien Fall in die Mitte des Rachens stürzen und dabei versuchen, das Zäpfchen zu packen. Ein gewagtes Unterfangen, aber die einzige Möglichkeit, in den Mund zu kommen.

Ich quietschte vor Angst, als ich mich todesmutig fallen ließ. Zum Glück konnte ich trotz aller Furcht den Drang unterdrücken, meine Augen zu schließen, und so schaffte ich es im letzten Moment, das Zäpfchen zu ergreifen.

Uff, geschafft! Mein Erythrozytenherz raste vor Aufregung. Doch ans Ausruhen war nicht zu denken, denn das Zäpfchen versuchte mich durch heftige Bewegungen und Räuspergeräusche abzuschütteln.

„Du kitzelst, hau ab!“, pöbelte es mich an.

„Gleich. Aber vorher muss ich dich noch richtig durchkitzeln“, erwiderte ich und begann auch gleich damit.

„Hör sofort auf, hust, lass das, hust, hust!“

„Das geht leider erst, wenn der Mensch richtig heftig hustet.“

„Ich kann nicht mehr, hust, räusper, hust! Jetzt kommt eine ganz heftige Hustenattacke!“

‚Okay, los geht's', dachte ich, nahm noch einmal kräftig Schwung und flog dann mit einer gewaltigen Husten-Druckwelle in den Mund.

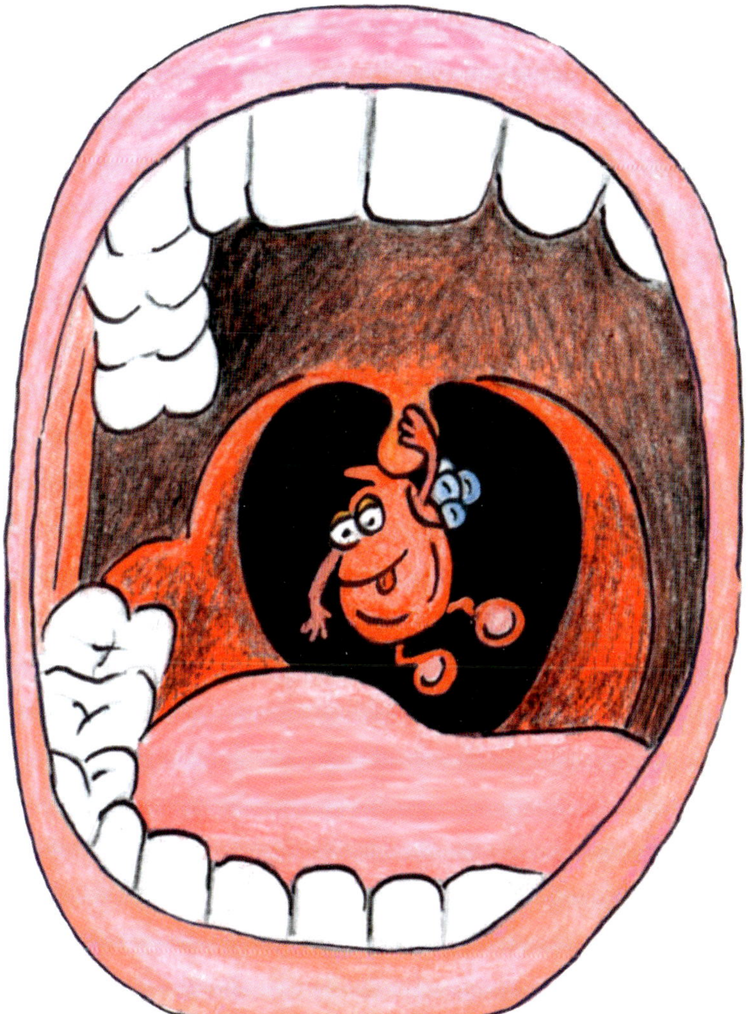

Der Mund: gefährliche weiße Berge

Im Mund angekommen, hielt ich mich an ein paar schneebedeckten Bergen fest. Doch sofort wurde ich von einem klebrigen roten Waschlappen beiseite gerissen.

„Mensch, bist du lebensmüde?“, brüllte mich eine kleine Erhebung auf dem roten Waschlappen an.

„Nö, bis zu dem Augenblick, als mich etwas Klebriges unsanft herumgeschleudert hat, ging es mir eigentlich sehr gut. Wer bist du überhaupt, dass du mich so von der Seite anmachst?“, empörte ich mich.

„Ich bin Bitteri, eine Geschmacksknospe. Und der eklige Waschlappen, wie du ihn nennst, ist die Zunge. Sie hat dir gerade das Leben gerettet.“

„Quatsch, was erzählst du da? Ich sehe nichts Gefährliches“, erwiderte ich, noch ziemlich sauer.

„Wie kann man nur so naiv sein“, stöhnte Bitteri. „Guck mal nach rechts, nach links und nach vorne. Was siehst du da?“

„Hübsche weiße schneebedeckte Berge.“

„Mein Gott, der Erythrozytengott ist wirklich mit den Dummen!“, murmelte Bitteri. Doch ich hatte es genau gehört. ‚So was muss ich mir wirklich nicht gefallen lassen‘, dachte ich und rief wütend: „Hast du schon mal die Inseln der Bauchspeicheldrüse gesehen? Bist du schon mal den Dickdarm entlanggerutscht? Hat dir Muzina schon mal den Bauch gestreichelt? Oder weißt du, wo der Sauerstoff herkommt?“ Ohne eine Antwort abzuwarten, machte ich mich

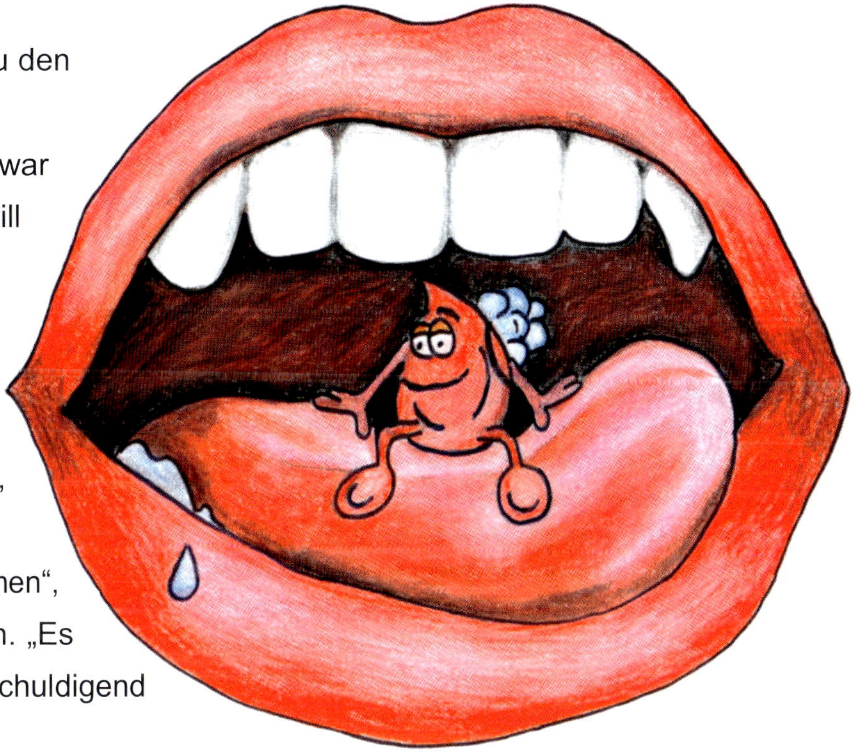

eingeschnappt auf den Weg zu den weißen Bergen.

„He, so warte doch! So war das doch nicht gemeint! Ich will dir wirklich nur helfen. Wahrscheinlich weißt du viel mehr als ich. Aber ich hatte mich gerade über die anderen Geschmacksknospen geärgert, und dann kamst du und hast meinen ganzen Frust abbekommen“, rief Bitteri mir versöhnlich nach. „Es tut mir leid“, fügte er noch entschuldigend hinzu.

„Ist schon gut.“ Ich konnte einfach niemandem lange böse sein. „Wieso hast du dich über die anderen Geschmacksknospen geärgert?“

„Weißt du, ich wohne hier ganz am Ende der Zunge, weil ich eine Geschmacksknospe für bittere Sachen bin. Das heißt, ich habe nur die Aufgabe, Bitteres zu schmecken. Die Geschmacksknospen für Salziges und Saures liegen am Rand, die für umami sind auf der gesamten Zunge verstreut, und die Lieblinge des Menschen, die für das Süße, die liegen ganz vorne, an der Zungenspitze. Und weil der Mensch nun einmal nicht gerne bittere Sachen isst, bekomme ich nur selten was zu schmecken. Und deswegen werde ich von den anderen Geschmacksknospen immer etwas herablassend behandelt. Sie meinen, man könnte mich auch abschaffen.“

„Aber du bist doch bestimmt auch ganz wichtig. Erosamos, mein Ururururururgroßvater, hat immer gesagt, dass alle Zellen im Körper gleich wichtig sind, und so auch du. Dein großer Tag wird bestimmt noch kommen“, munterte ich Bitteri auf, denn ich hörte die Tränen in seiner Stimme.

„Du bist sehr lieb. Bitte entschuldige noch einmal meine etwas unwirsche Art.“

„Schon vergessen“, antwortete ich und schob ihm als Zeichen der Versöhnung ein Sauerstoffmolekül zu.

„Danke, das tut gut!“, murmelte Bitteri schon wieder wesentlich munterer.

„Aber sag mal, was ist eigentlich umami?“, fragte ich und hatte unseren kleinen Streit schon wieder vergessen.

„Umami ist japanisch“, antwortete Bitteri wichtigtuerisch.

„Du kannst japanisch?“, fragte ich erstaunt.

„Ja, nein, also eigentlich nur ein Wort, nämlich umami. Es heißt fleischig, würzig“, erläuterte Bitteri deutlich bescheidener. Plötzlich raunzte mich eine unfreundliche Zelle rechts neben mir an: „He, du riesengroßer Fettwanst, kannst du mal von der Zunge runtergehen?“

Ich schaute hinter mich. Aber da war niemand.

„Meinst du mich?“, fragte ich erstaunt die mürrische Zelle.

„Klar, oder siehst du noch so eine riesige Billardkugel auf der Zunge?“

Noch bevor ich antworten konnte, plusterte sich Bitteri auf: „Halt die Klappe! Das ist Eros, mein Freund! Und er bleibt so lange auf der Zunge, wie er will. Ist das klar?“

Wow, so viel Courage hätte ich meinem kleinen Freund gar nicht zugetraut. Und auch die miesepetrige Zelle war sichtlich beeindruckt.

„Danke“, murmelte ich, immer noch schockiert über die Ausdrücke der Zungenzelle. „Aber warum hat die Zelle mich als Fettwanst und schwere Billardkugel bezeichnet? So zugenommen habe ich doch gar nicht!“

„Du musst wissen: Die Zunge kann unglaublich gut tasten. Und deshalb empfindet sie alles als viel größer, als es eigentlich ist. Das kann lebensrettend sein. Wenn der Mensch zum Beispiel eine Gräte im Mund hat, muss er sie als riesengroß und störend empfinden, damit er sie nicht versehentlich runterschluckt.“

„Ah, jetzt verstehe ich.“ Ich war beruhigt, dass alles nur auf einer falschen Wahrnehmung beruhte.

„Erklärst du mir jetzt auch, warum diese weißen Berge so gefährlich sind?“

„Das sind keine weißen Berge, sondern die Zähne. Der Mensch hat 32 Zähne. Da gibt es Schneidezähne, die arbeiten wie eine Schere, Eckzähne, die wie eine Zange das Essen festhalten, und Backenzähne, die das Essen klein mahlen.“

„Ach, ich verstehe, damit der Magen es nicht ganz so schwer hat“, unterbrach ich Bitteri.

„Richtig. Die Nahrung wird hier im Mund durch die Zähne zerkleinert und mithilfe des Speichels verflüssigt.“

„Und dann?“, fragte ich wissbegierig.

„Danach gibt der Mensch den Befehl zum Schlucken. Das passiert ungefähr dreitausendmal am Tag, und der Nahrungsbrei rutscht durch den Rachen in die Speiseröhre und anschließend in den Magen.“

„Da war ich schon und habe diesen Speisebrei gesehen“, unterbrach ich Bitteri erneut.

„Und woher kommt der Speichel?“

„Es gibt Speicheldrüsen im Mund. Die produzieren so etwa anderthalb Liter Spucke am Tag und geben sie in den Mund“, fuhr Bitteri freundlich fort, als er plötzlich „Achtung!“ rief. „Ich glaube, es gibt was zu essen. Jetzt kannst du dir alles genau anschauen. Aber halte dich gut an mir fest!“

Kaum hatte er es gesagt, wurde es plötzlich taghell, und ein gewaltiger Brocken schob sich in die Mundhöhle. Sofort klappte der Mund wieder zu und trennte ein Stück von dem Happen ab. Danach ergriff die Zunge die Nahrung und schob sie zu den Backenzähnen. „Krach“ machte es, und die Backenzähne zerlegten den Bissen in Einzelteile. Wieder kam die Zunge und schob die Krümel nun auf die andere Seite des Mundes.

Ich musste mich ordentlich festhalten, sonst wäre ich von der Zunge runtergekullert. „Krrh“, die Backenzähne machten Krümelchen aus der Nahrung. Und schon wieder kam die Zunge. Jetzt vermischte sie die Krümelchen mit Spucke und schob sie wieder auf die andere Seite, „krr“, noch kleiner wurden die Krümelchen, und so ging es ein paarmal hin und her, bis plötzlich ein riesiger Sog entstand (verzweifelt klammerte ich mich an Bitteri, um nicht weggezogen zu werden) und die inzwischen breiige Nahrung hinter mir im Abgrund verschwand.

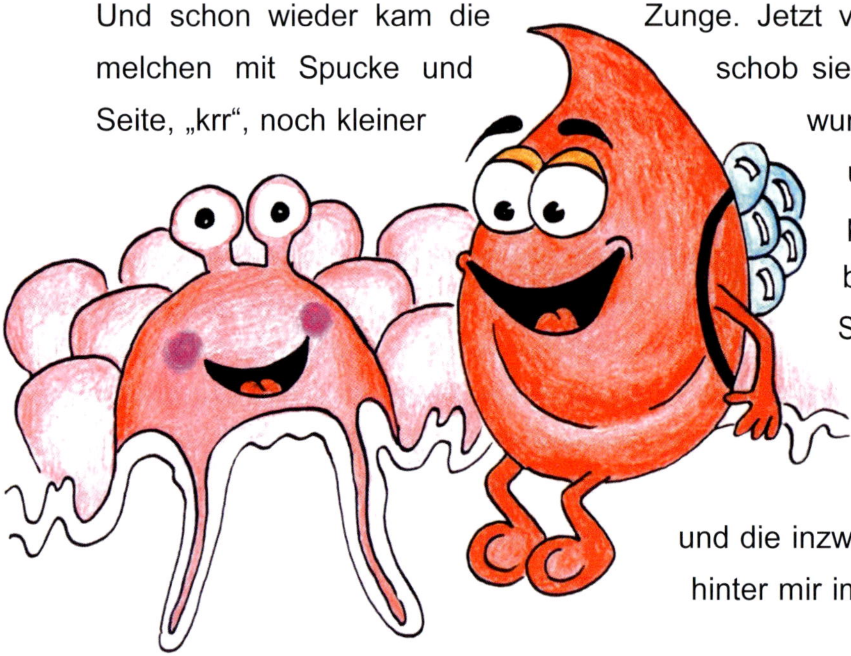

Danach war es wieder ruhig.

„Mann, haben die Zähne Kraft!", rief ich bewundernd. „Konntest du was schmecken?", fragte ich Bitteri.

„Nein, das war ein süßer Keks. Mal wieder nichts für mich, seufz!"

„Warum wird jetzt immer noch Speichel produziert?", fragte ich Bitteri, um ihn von seinen düsteren Gedanken abzulenken.

„Der Speichel enthält Mineralien zur Reparatur von kleinen Rissen in den Zähnen, und ein Reinigungsenzym, das Lysozym. Es sorgt dafür, dass die Bakterien die Zähne nicht kaputt machen. Außerdem ist es ein Schmerzmittel. Wie ich dir erzählt habe, sind wir, die Zunge und übrigens die ganze Mundschleimhaut, ziemliche Sensibelchen. Wir empfinden alles viel größer, aber auch schmerzhafter. Damit der Mensch eine kleine Wunde im Mund überhaupt aushalten kann, enthält der Speichel dieses Schmerzmittel."

„Aha, das hätte ich nie gedacht, dass ihr so empfindlich seid. Aber das mit den Bakterien glaube ich nicht. Bifi, Klebsiella und E-coli produzieren zwar einen schrecklichen Gestank. Aber die Zähne würden sie nie kaputt machen!", sagte ich, fest entschlossen, meine Darm-Freunde zu verteidigen.

„Nein, nicht die Bakterien aus dem Darm. Sondern über 300 gefährliche Bakterienarten, die hier im Mund leben, zum Beispiel Zahnlochus und Zahnaua. Der Mund ist ein absolutes Schlaraffenland für Bakterien: Es ist warm, feucht, und es gibt ständig was zu essen. Was will man als Bakterium mehr? Aber zur Zeit können sie keine Löcher in die Zähne machen, weil unser Mensch sich regelmäßig die Zähne putzt."

„Und wenn Zahnlochus und Zahnaua die Zähne nicht kaputt machen, bleiben sie dann immer so kräftig?"

„Im Prinzip schon. Nur der ganz junge Mensch hat noch schwache Zähne, die sogenannten Milchzähne, davon gibt es aber nur zwanzig. Sie fallen so mit sieben Jahren aus, und dann kommen die richtigen Zähne. Das sind die, die du jetzt siehst. Der Übergang sieht sehr lustig aus“, kicherte Bitteri, und ich war froh, dass er wieder fröhlich war.

„Du bist wirklich ein netter Kerl, und ich komme dich bestimmt mal wieder besuchen. Eine Frage hätte ich allerdings noch. Aber sie ist ein bisschen kompliziert.“

„Na, schieß los, vielleicht kann ich sie dir ja trotzdem beantworten.“

„Also, die Nahrung geht in den Rachen und dann in den Magen. Die Luft geht aber auch in den Rachen, muss aber dann in die Luftröhre. Wie sortiert der Rachen das?“

„Diese Frage ist wirklich kompliziert, aber ich glaube, ich kann sie beantworten. Wenn der Mensch schluckt, wird ein Deckel angehoben, der Kehlkopf, und durch das Zungenende abgedeckt. Gleichzeitig verschließt ein Segel das Ende der Nase, und die Nahrung kann in die Speiseröhre rutschen. Danach wird alles wieder aufgemacht, und die Luft kann wieder in die Lunge strömen. Das ist übrigens auch der Grund, warum man sich verschluckt, wenn man beim Essen spricht: Denn dann ist der Deckel auf und das Essen rutscht versehentlich in die Luftröhre. Durch Husten versucht der Mensch, den Essensbrocken wieder rauszuschleudern.“

„Ja, genau so bin auch ich in den Mund geschleudert worden.“

„Ich weiß“, schmunzelte Bitteri.

„Toll, dass das so funktioniert“, staunte ich. „So, ich denke, ich weiß jetzt alles und muss weiterschwimmen.“

„Nein, du weißt noch nicht alles! Die Zunge kann noch etwas ganz Tolles“, rief Bitteri hastig und wichtigtuerisch.

„Und das wäre?“

„Das musst du raten“, erwiderte Bitteri mit verschwörerischer Miene. Ich begriff, dass Bitteri Zeit schinden und mich an der Abreise hindern wollte. Da ich die kleine Geschmacksknospe aber liebgewonnen hatte, ging ich bereitwillig auf ihr Spiel ein.

„Die Zunge kann hören.“

„Nein!“

„Die Zunge kann riechen.“

„Nein!“

„Die Zunge kann sehen.“

„Nein!“

„Bitteri, du musst mir helfen, ich komme nicht darauf.“

„Okay, aber nur wenn du mir versprichst, mich bald wieder zu besuchen.“

„Klar, aber das hätte ich sowieso getan. Was kann die Zunge denn noch Tolles?“

„Der Mensch braucht die Zunge zum Sprechen! Wenn nur ein kleines Stück von ihr fehlt, kann er nicht mehr sprechen, oder nur noch sehr undeutlich“, wisperte er mir wichtigtuerisch zu.

„Das ist wirklich toll, darauf wäre ich allein nie gekommen. Jetzt muss ich aber noch das Ohr kennenlernen. Aber ich verspreche dir, dass ich bald wiederkomme. Soll ich lieber ins rechte oder ins linke Ohr schwimmen?“

„Das rechte ist ein bisschen besser“, vertraute mir Bitteri an, „aber verrate nicht, dass ich dir das gesagt habe.“

„Das ist doch erythrozytenklar“, antwortete ich verschwörerisch. „An wen soll ich mich im Ohr wenden?“, fragte ich Bitteri zum Abschied.

„Melde dich am besten beim Steigbügel. Der ist sehr nett.“

„Du hast mich falsch verstanden, Bitteri. Ich will nicht in den Pferdestall, ich will ins Ohr.“

„Ja, das habe ich schon verstanden“, lachte Bitteri. „Im Ohr gibt es aber einen kleinen Knochen, der heißt Steigbügel. Du kannst ihn gar nicht verfehlen, denn er sieht wirklich aus wie ein Steigbügel am Pferdesattel.“

„Da bin ich aber gespannt“, rief ich Bitteri zu und winkte ihm noch lange nach.

Das Ohr: ein super Trampolin

Als ich im Ohr ankam, fiel mir zunächst ein riesiger, dünner Lappen auf. Er sah aus wie ein großes, senkrecht stehendes Trampolin. Da ich durch die vielen Rutschpartien Spaß an rasanten Sprüngen gefunden hatte, schwamm ich schnurstracks zu ihm hin und begann, mich immer wieder dagegen zu werfen. Immer mutiger wurden meine Sprünge, da der große Lappen prima mitschwang.

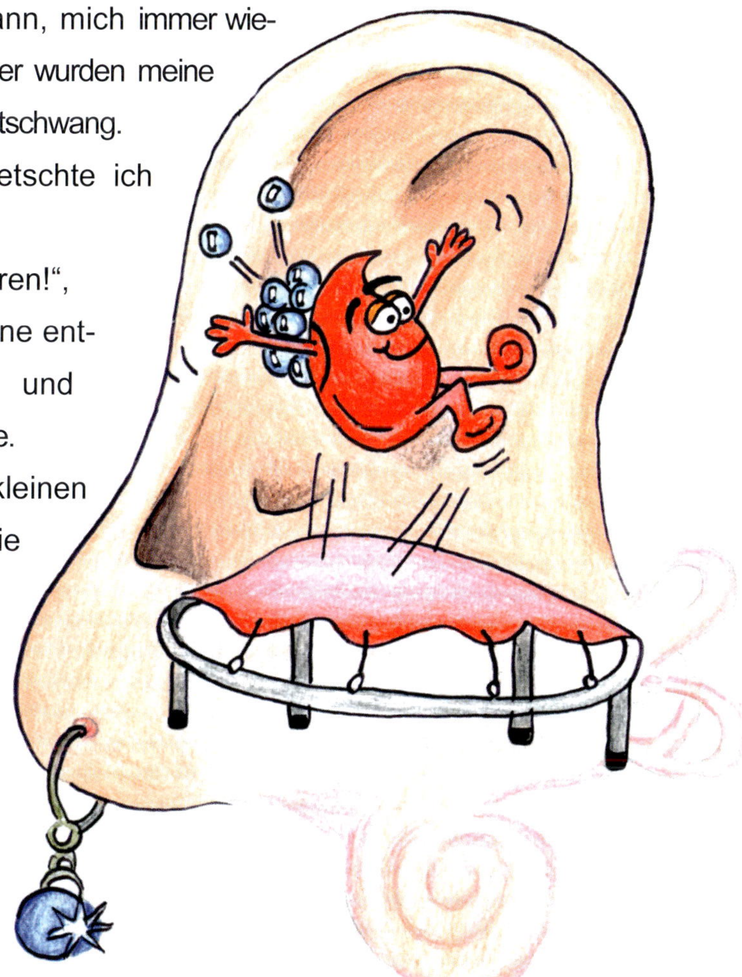

„Juhu, das macht Spaß!“, quietschte ich vor Vergnügen.

„Aufhören, aufhören, sofort aufhören!“, schallte es mir plötzlich aus der Ferne entgegen. Irritiert hörte ich auf und schwamm in Richtung der Stimme. Schnell hatte ich im Mittelohr einen kleinen Knochen gefunden, der aussah wie ein Miniatursteigbügel. Mutig schwamm ich auf ihn zu. „Hallo, bist du Steigbügel?“, rief ich schon von weitem.

„Ja, da hast du recht. Das ist aber auch nicht schwer zu erraten“, antwortete der kleine

Knochen. „Aber wer bist du? Bist du etwa der Unhold, der dauernd auf dem Trommelfell rumhüpft?“

„Ja“, antwortete ich verschämt, „wenn das Trommelfell dieses wunderbare Sprungtuch da hinten ist, dann war ich das. Ich bin übrigens Eros, ein besonders schönes rotes Blutkörperchen.“ Ich konnte es trotz meines schlechten Gewissens einfach nicht lassen, mit meiner Erscheinung anzugeben.

„Sehen nicht alle roten Blutkörperchen aus wie du?“, fragte Steigbügel gelangweilt.

„Nein, da gibt es riiiiesige Unterschiede“, antwortete ich, schon wieder forsch. Doch bevor ich ihm ein paar besondere Vorzüge meines Körpers schildern konnte, begann er schon wieder zu reden.

„Ist ja auch egal. Schön, dass du hier bist. Was machst du hier im Ohr?“

„Ich bin auf Erkundungsreise durch den Körper. Und jetzt bin ich hier im Ohr und wollte mal hören, was ihr so den ganzen Tag lang treibt.“

„Mit dem Wort ‚Hören‘ hast du gleich das richtige Stichwort gegeben. Jeder Ton und jedes Geräusch erzeugt eine Schallwelle. Und wenn die auf das Trommelfell trifft, beginnt es zu schwingen.“

„Das ist der dünne Lappen, das Supersprungtuch da vorne?“, unterbrach ich Steigbügel.

„Ja, das Trommelfell ist am Übergang vom äußeren Ohr zum Mittelohr“, antwortete Steigbügel, der sich durch meine Zwischenfrage nicht aus der Ruhe bringen ließ. „Die Schwingung des Trommelfells wird dann weitergeleitet an uns drei Gehörknöchelchen, und ich, als letztes Gehörknöchelchen, gebe die Bewegung weiter an das ovale Fenster.“

„Kann man da durchgucken?“, rief ich, durch Steigbügels Freundlichkeit animiert.

„Nein, durchgucken kann man nicht. Es ist nur der Übergang zum Innenohr. Im Innenohr gibt es eine Art Schnecke. Sie ist mit Flüssigkeit gefüllt, der sogenannten Lymphe, und bedeckt von 14.000 Hörzellen mit je 50 Sinneshärchen. Bewegt sich nun das ovale Fenster durch mich bzw. durch die Schwingung, dann wird das auf die Flüssigkeit übertragen. Und dieses Hin- und Herschwappen der Lymphflüssigkeit nehmen die Sinneszellen wahr und leiten diese Information weiter an das Gehirn. Das Gehirn wandelt diese Information dann in einen Ton um. Und da jeder Ton eine andere Schwingung hat, hört der Mensch unterschiedliche Geräusche und Töne. Manche Menschen haben so gute Hörsinneszellen, dass sie sogar den Schneefall hören können. Andere Geräusche wieder sind so laut, dass sie die Hörzellen kaputt machen können: zum Beispiel laute Musik, Rockkonzerte oder das Geräusch startender Flugzeuge."

„Toll, dann hat der Mensch also die besten Ohren der Welt!"

„Nein", widersprach Steigbügel, „seine Ohren sind zwar nicht schlecht, aber viele Lebewesen, zum Beispiel Hunde, können noch viel besser hören. Am allerbesten hört die Fledermaus."

„Jetzt kenne ich schon vier verschiedene Sinneszellen: die Riechzellen, die Sehzellen, die Geschmackszellen und die Gehörzellen", prahlte ich mit meinem Wissen.

„Ja, genau das ist auch der Grund, warum Augen, Nase, Mund und Ohren die Sinnesorgane heißen. Es gibt aber noch ein Sinnesorgan, hier oben, im Kopf."

„Wo denn? Da war doch nichts mehr. Jetzt flunkerst du mich an", entgegnete ich vorwurfsvoll.

„Nein, ich schwindle nicht“, widersprach Steigbügel. „Die Ohren sind eigentlich zwei Sinnesorgane. Nämlich das Sinnesorgan zum Hören und das Sinnesorgan für den Gleichgewichtssinn. Im Innenohr sind nämlich noch drei Bogengänge, die ebenfalls mit einer Flüssigkeit gefüllt sind. Sie sehen ringförmig aus und enthalten die Gleichgewichtssinneszellen. Je nachdem, in welcher Position der Mensch sich gerade befindet, also, ob er liegt oder steht oder Kopfstand macht, bewegt die Flüssigkeit sich in eine andere Richtung, und die Sinnesorgane der Bogengänge merken das und geben diese Information weiter an das Gehirn.“

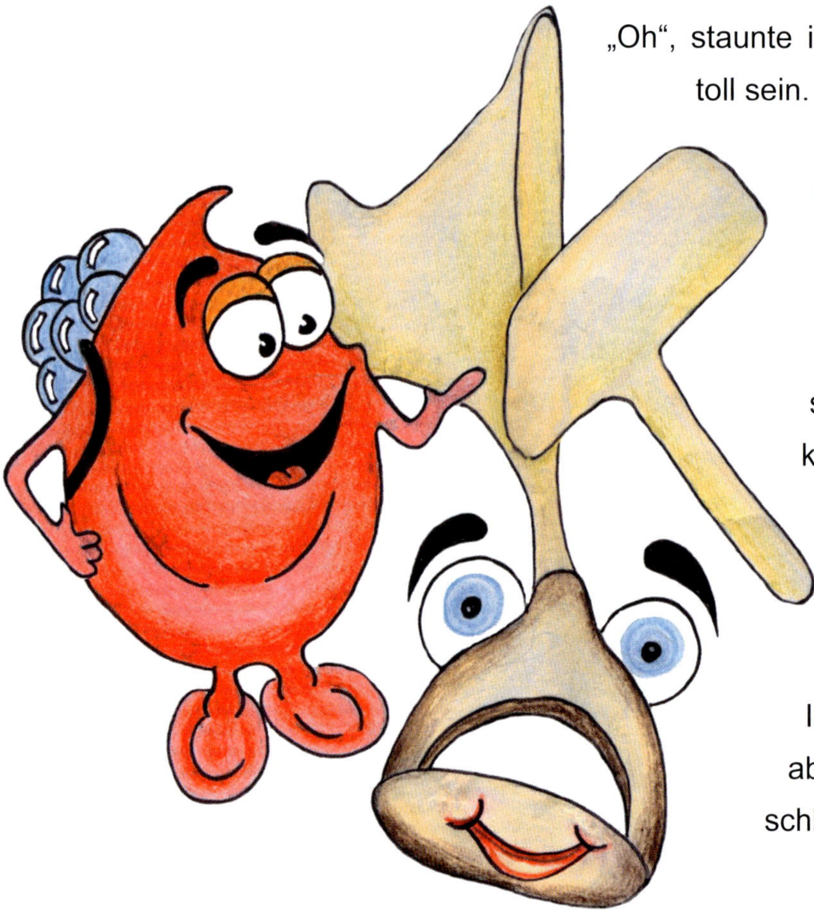

„Oh“, staunte ich, „das Gehirn muss wirklich toll sein. Es kommuniziert mit allen Körperteilen. Da muss ich unbedingt hin!“

„Ja, ja, das Gehirn ist wirklich etwas ganz Besonderes. Ich beneide dich, dass du dorthin schwimmen darfst. Aber jetzt kommt eine kleine Quizfrage: Wie heißen die anderen beiden Gehörknöchelchen, die mit mir verbunden sind?“

„Woher soll ich das wissen? Ich bin zwar superintelligent, aber Namen kann ich mir nur schlecht merken“, meinte ich ein bisschen vorwurfsvoll über die schwierige Frage.

„In diesem Fall ist es aber ganz einfach“, erklärte Steigbügel. „Schau dir die anderen Knochen genau an. Und dann sag mir, woran sie dich erinnern.“

„Hm, also der ganz vorne, am Trommelfell, der sieht aus wie ein Hammer, und der andere wie … wie … ja, wie ein Schmiedeblock!“, rief ich, begeistert über meine eigene Klugheit.

„Ja, richtig, der eine heißt Hammer und der andere Amboss. Du bist wirklich ein kluges rotes Blutkörperchen.“

Ich strahlte. Endlich hatte jemand meine Außergewöhnlichkeit erkannt. „Es ist toll bei dir im Ohr! Ich würde gerne noch ein bisschen bleiben. Aber ich muss ja noch zum Gehirn“, seufzte ich mit einem lachenden und einem weinenden Auge.

„Das kann ich gut verstehen, auch wenn ich dich noch gern ein bisschen hierbehalten hätte. Aber bevor du ins Gehirn schwimmst, solltest du dir noch das letzte Sinnesorgan anschauen.“

„Es gibt noch eins? Jetzt lügst du mich aber wirklich an!“

„Nein, das fünfte Sinnesorgan ist die Haut.“

„Das ist doch kein Organ! Das ist doch eher eine Wurstpelle, die alles zusammenhält, damit nichts rausfällt.“

„Da irrst du dich aber gewaltig! Die Haut ist sogar das größte Sinnesorgan, mit sehr vielen Aufgaben.“

„Wenn du meinst. Dann schaue ich mir auch noch die Haut an. Hast du einen Tipp, an wen ich mich da wenden könnte?“

„Melde dich am besten bei der Melanozyte, die weiß alles“, riet mir Steigbügel.

„Danke dir, du solltest Lehrer werden. Du kannst wirklich toll erklären. Und ich werde dich bestimmt mal wieder besuchen.“

„Das ist schön, darauf freue ich mich schon. Ich habe allerdings noch eine Bitte“, meinte er ein wenig schüchtern.

„Natürlich, das hätte ich fast vergessen“, fiel ich ihm schuldbewusst ins Wort, „du willst natürlich auch ein Sauerstoffmolekül.“

„Nein, darum geht es nicht. Sauerstoff habe ich noch reichlich. Aber ich habe viel Müll und alte Luft, Kohlendioxid. Kannst du das vielleicht mitnehmen?“

„Klar, gerne, das ist ja mein Job“, antwortete ich pflichtbewusst.

„Danke dir. Und bis zum nächsten Mal!“

Die Haut: nur eine Wurstpelle?

In der Haut angekommen, machte ich mich auf die Suche nach der Melanozyte. Da ich aber nicht wusste, wie sie aussah, rief ich einfach laut: „Hallo, Melanozyte, wo bist du?“

„Hier, hallo, hier, ich bin hier“, schallte mir ein Chor von Milliarden Stimmen entgegen. ‚Oh, Steigbügel hat mir nicht gesagt, dass es so viele Melanozyten gibt‘, dachte ich. Manche waren weiß, andere hellbraun, wieder andere dunkelbraun. Manche lagen alleine, andere in großen oder kleinen Gruppen. Ich entschied mich für eine kleine hellbraune Melanozyte ganz in meiner Nähe.

„Hallo, du da, ich bin Eros! Und wer bist du?“

„Ich bin Sommersprossi.“

„Ach, du bist keine Melanozyte?“, fragte ich enttäuscht.

„Doch, aber es gibt sehr unterschiedliche Melanozyten. Manche liegen einzeln und machen die Haut braun, wenn die Sonne scheint. Andere wiederum liegen in Gruppen zusammen und sind immer braun, das sind die Leberflecken. Und wieder andere liegen in ganz kleinen Gruppen zusammen und werden bei Sonnenlicht dunkler, das sind die sogenannten Sommersprossen. Ja, und ich bin eine von ihnen! Wir befinden uns übrigens jetzt in der obersten Hautschicht, der Epidermis. Hier gibt es keine Blutgefäße, deswegen leben die Zellen nicht so lange. Jeden Tag sterben 30.000 Hautzellen. Die nennt man dann Hornhaut. Irgendwann werden sie abgestoßen. So verliert der Mensch ungefähr 20 Kilogramm Haut im Laufe seines Lebens. Unter uns liegt übrigens die Lederhaut. Da gibt es Blutgefäße. Deswegen leben diese Zellen viel länger“, erklärte Sommersprossi.

„Logisch“, merkte ich an, „denn durch die Blutgefäße können wir, die roten Blutkörperchen, Sauerstoff direkt zu den Zellen bringen.“

„Außerdem gibt es in der Lederhaut noch Haarfollikel“, fuhr Sommersprossi fort. „Das sind die Anker für die Haare.“

„Da gibt es aber vieles in der Lederhaut“, meinte ich erstaunt.

„Das ist noch lange nicht alles! Es gibt da nämlich auch Schweiß-, Talg- und Duftdrüsen. Wenn die Talgdrüse zu viel Talg produziert, verstopft der Haarfollikel, und wenn dann noch Bakterien hinzukommen, entzündet sich die Stelle, und daraus wird ein Pickel“, klärte Sommersprossi mich auf.

„Das sind also wieder böse Bakterien. Ich habe schon gelernt, dass es gute und schlechte Bakterien im Körper gibt.“

„Ja, aber diese Bakterien können nur böse werden, wenn die Talgdrüsen verstopft sind. Außerdem gibt es in der Lederhaut noch viele Tastzellen, die Berührungen, Druck oder Vibrationen erkennen und diese Information über Nerven, das ist so eine Art Telefonleitung, an das Gehirn weiterleiten.“

„Aha, deswegen ist die Haut ein Sinnesorgan“, murmelte ich vor mich hin, als mir endlich der Zusammenhang dämmerte.

„Aber nicht nur deswegen. In der Lederhaut gibt es auch noch Sensoren für Schmerzen und für heiß und kalt. Und das Tollste ist“, fuhr Sommersprossi fort, und man merkte ihr an, dass sie mächtig stolz auf „ihre“ Haut war, „die Haut kann selbstständig darauf reagieren! Wenn es zu warm wird, produzieren die Schweißdrüsen eine Flüssigkeit. Sie verdunstet auf der Haut und kühlt uns. Das sind ungefähr anderthalb Tankwagen voll im Laufe eines Menschenlebens. Und wenn es zu kalt ist, richten sich die kleinen Härchen auf. Das ist so ein Art Fell. Als Schutz vor der Kälte."

„Aber das sind doch viel zu wenige", kicherte ich.

„Ja, das stimmt. Es hat beim Menschen keinen wirklichen Effekt mehr. Aber es passiert trotzdem noch, und wir nennen das dann Gänsehaut."

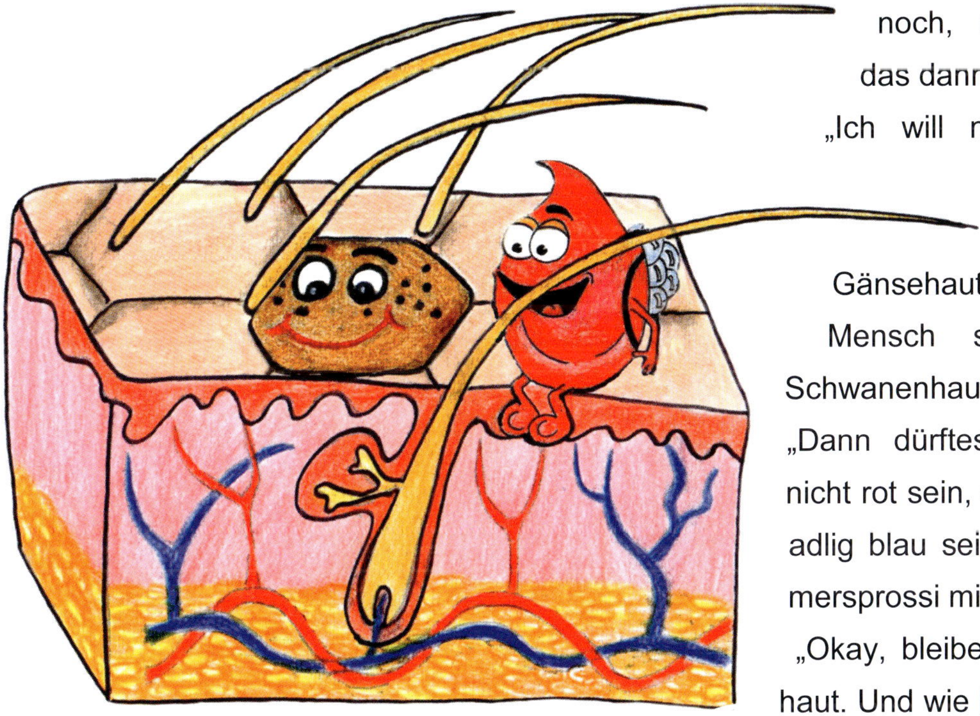

„Ich will nicht, dass mein Körper so was Profanes wie Gänsehaut bekommt. Mein Mensch soll lieber eine Schwanenhaut bekommen!"

„Dann dürftest du aber auch nicht rot sein, sondern müsstest adlig blau sein", blödelte Sommersprossi mit.

„Okay, bleiben wir bei Gänsehaut. Und wie haltet ihr euch am Körper fest und schlabbert nicht einfach so herum?", quetschte ich Sommersprossi weiter aus.

„Unsere dritte Schicht ist die Unterhaut. Die hält uns am Körper fest. Sie enthält viel Fett, damit der Mensch nicht friert. Außerdem ist sie wie ein Stoßdämpfer für die darunter liegenden Organe."

„Dann seid ihr also wirklich ein riesiges Organ!"

„Ja, dabei kennst du noch gar nicht unsere wahre Größe. Wir sind ungefähr zwei Quadratmeter groß. Das ist ungefähr so groß wie die Bettdecke, mit der die Menschen sich zudecken."

„Wow, ist das groß! Kennst du denn überhaupt alle deine Melanozytenschwestern und -brüder?"

„Nein, nur die, die mit mir zusammen eine Sommersprosse bilden. Leider kann ich mich nicht frei bewegen wie du, sondern muss immer an derselben Stelle bleiben."

„Das ist aber doof. Es macht nämlich mächtig viel Spaß, im Körper rumzuschwimmen", erwiderte ich unbedacht. Doch als ich daraufhin den traurigen Blick von Sommersprossi sah, tat mir meine Bemerkung leid. Schnell versuchte ich meinen Fehler wieder gutzumachen und meinte: „Dafür bekommst du aber bei Sonnenlicht so eine süße, braune Farbe."

„Jaaah, gefalle ich dir?", fragte Sommersprossi, schon wieder glücklich lächelnd.

„Ja, ich finde dich total niedlich", heuchelte ich ein bisschen, denn ich wollte nicht, dass Sommersprossi traurig war. Ich hatte die kleine Melanozyte nämlich richtig lieb gewonnen. „Und weil ich dich so toll finde, habe ich auch ein Geschenk für dich."

„Für mich? Was ist es denn?", bedrängte mich Sommersprossi neugierig.

„Ein besonders großes, leckeres Sauerstoffmolekül", antwortete ich bedeutungsvoll.

„Oh, ganz für mich allein?", fragte Sommersprossi ungläubig. „Ich habe noch nie ein Sauerstoffmolekül nur für mich allein gehabt. Du musst wissen, durch die fehlenden Blutgefäße kommt hier nur sehr selten Sauerstoff an. Und wenn dann mal ein Sauerstoffmolekül vorbeischwimmt, müssen wir es immer teilen."

„Ja, ich weiß. Deswegen ist dieses Sauerstoffmolekül auch nur für dich", entgegnete ich zufrieden über das strahlende Lächeln von Sommersprossi. „So, jetzt muss ich aber weiterschwimmen", erklärte ich meiner neuen Freundin.

„Kommst du mich mal wieder besuchen?", fragte Sommersprossi, schon wieder traurig werdend.

„Aber klar. Und dann bringe ich dir wieder ein tolles Sauerstoffgeschenk mit." Zum Glück ließ der Gedanke an ein neues Geschenk Sommersprossis traurige Abschiedsgedanken wieder verschwinden.

Plattino und Plattina: zwei platte Freunde

Weil ich beim Wegschwimmen noch lange winkend zu Sommersprossi zurücksah, hatte ich nicht richtig aufgepasst und prallte mit zwei platten Gebilden zusammen.

„Mensch, kannst du nicht aufpassen?“, meckerten mich die beiden vorwurfsvoll an.

„Tschuldigung, ich habe hinten keine Augen“, konterte ich, während ich mich umdrehte. „He, kennen wir uns nicht? Seid ihr nicht Plattina und Plattino?“, fragte ich erstaunt und erfreut zugleich.

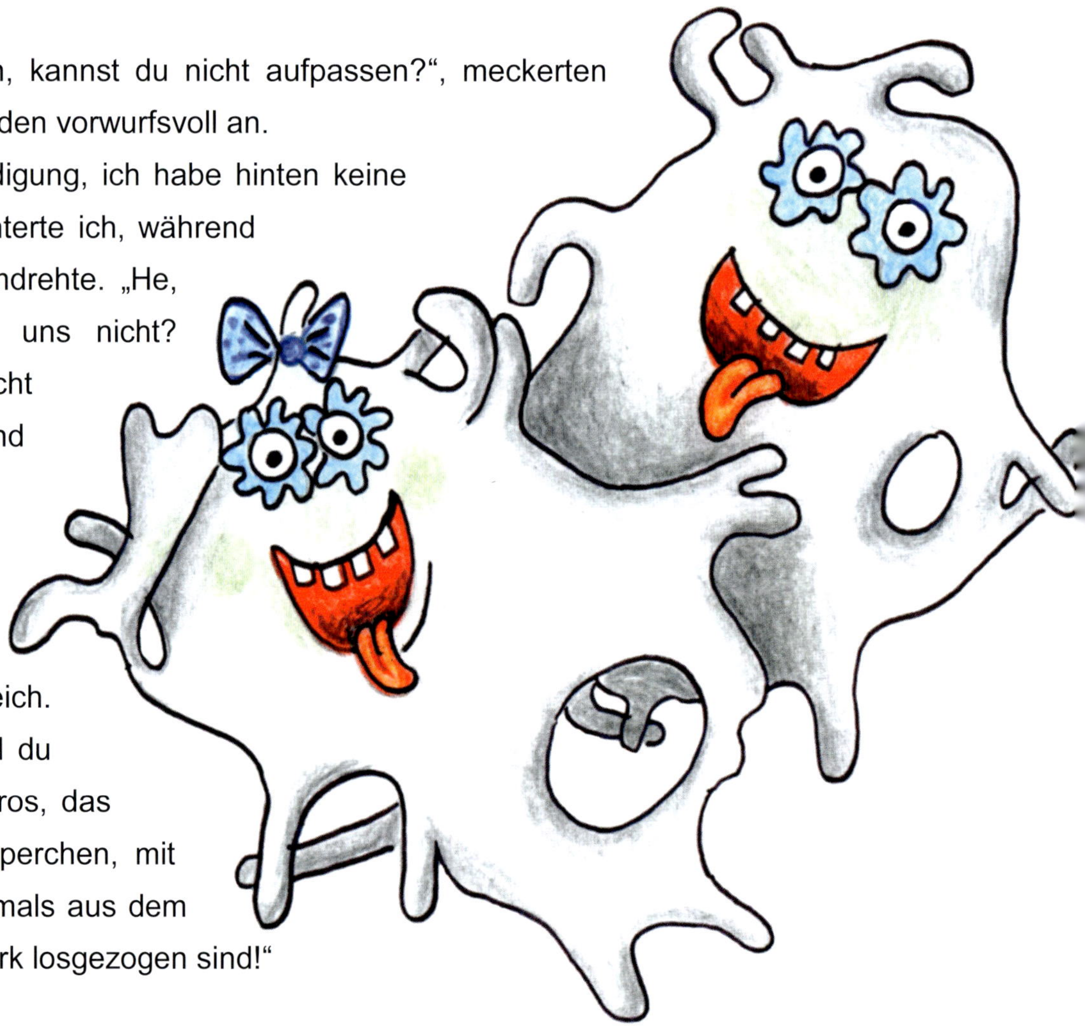

„Ja, und du bist doch Eros, das rote Blutkörperchen, mit dem wir damals aus dem Knochenmark losgezogen sind!“

Mein Erythrozytenherz schlug vor lauter Wiedersehensfreude Purzelbäume, und ich drückte Plattina und Plattino so lange ganz fest, bis erstickte Laute an meiner Brust zu hören waren.

„Nicht so fest, wir werden ja sonst noch platter, als wir sowieso schon sind!“, frotzelten die beiden. Doch man merkte, dass sie sich mindestens ebenso über das Wiedersehen freuten wie ich.

„Was habt ihr denn die ganze Zeit getrieben?“, fragte ich neugierig.

„Oh, wir sind in großer Mission unterwegs. Wir sind sozusagen die Retter in der Not“, prahlten sie.

‚Retter in der Not? Große Mission?‘, dachte ich. Das konnte ich mir bei meinen dummen platten Jugendfreunden kaum vorstellen. Doch laut heuchelte ich Bewunderung und Interesse. „Eine große Mission, das ist ja toll! Erzählt doch mal genauer“, ermunterte ich sie.

„Manchmal verletzt sich der Mensch. Er stürzt oder schneidet sich und es entsteht ein Loch in der Haut. Durch das Loch strömt dann das Blut mit Tausenden deiner Brüder und Schwestern aus dem Körper heraus“, berichteten sie mit einer so theatralischen Stimme, dass mir ein Angstschauer über den Rücken lief. „Es würde nicht lange dauern, und die ganzen fünf bis sieben Liter Blut mit ihren 25 Billionen roten Blutkörperchen wären aus dem Körper geflossen!“, dramatisierten sie weiter.

Inzwischen hatten sie mich so in den Bann ihrer Erzählung gezogen, dass ich starr vor Angst und Schreck nur noch leise: „Oh, wie schrecklich!“ hauchen konnte.

„Ja, aber“, fuhren die beiden fort, und man merkte, dass sie sich an meiner Angst ergötzten, „dann kommen wir! Wir schmiegen uns ganz eng zusammen und verschließen so das Loch Wir sind das Pflaster von innen. Durch uns kann kein Blut hinausfließen, und es können keine gefährlichen Eindringlinge wie Bakterien mehr hereinkommen“, beendeten sie mit einer gekonnten Drehung ihre Darbietung.

„Dann seid ihr ja wirklich sehr wichtig“, stellte ich fest und schämte mich ein bisschen, dass ich sie für dumm und unwichtig gehalten hatte.

„Wollen wir gemeinsam durch die Blutbahnen schwimmen?“, wollte ich gerade voller Vorfreude vorschlagen, als Plattina plötzlich rief: „Achtung, Plattino, ich habe einen Notruf bekommen! Der Mensch hat sich geschnitten! Wir müssen sofort zum linken Zeigefinger! Tschüss, Eros, wir müssen los!“, riefen Plattina und Plattino noch, dann waren sie auch schon verschwunden.

Es ging so schnell, dass ich erst reagieren konnte, als meine Freunde schon nicht mehr zu sehen waren. Mein trauriges „Tschüss“ hallte nur durch die Blutgefäße hinter ihnen her. Danach war ich traurig. Nie hätte ich gedacht, dass ich mich so über das Wiedersehen mit den beiden platten Kumpels freuen würde und sie mir gleichzeitig jetzt so fehlen würden.

„Schnuff, ich bin ganz allein, und keiner hat mich lieb!“, steigerte ich mich immer weiter in meine Trauer hinein, während mir Erythrozytentränen über die Wangen liefen.

Lymphina: die tollste Immunsystemzelle

Vor lauter Tränen sah ich gar nicht mehr die vielen anderen roten und weißen Blutkörperchen, und mir war es auch ganz egal, in welchem Blutgefäß ich gerade schwamm.

Plötzlich erklang eine mir bekannte Stimme. „Das ist doch Eros, mein allerliebster, bester Freund!" Und schon wurde ich gedrückt und mit Küssen übersät. Meine Augen waren so geschwollen, dass ich immer noch nicht erkennen konnte, wer da eigentlich sprach.

„Erkennst du mich nicht mehr? Ich bin es, Lymphina!"

Endlich erkannt ich sie, meine süße, kleine Freundin aus Kindheitstagen. Sie war jetzt ein stattliches weißes Blutkörperchen geworden. Allerdings, eine schlanke Taille, so wie ich sie habe, hatte sie immer noch nicht ... Aber egal, Hauptsache, sie war gesund und wieder bei mir. Nachdem wir uns eine halbe Ewigkeit geknuddelt, geküsst und geherzt hatten, gewann bei mir doch die Neugierde die Oberhand, und ich wollte wissen, wie es ihr inzwischen ergangen war. Da wurde die fröhliche und unbekümmerte Lymphina ganz ernst, und ich merkte, dass sie erwachsen geworden war.

„Nachdem wir uns an der Thymusdrüse, der Schule für die weißen Blutkörperchen, getrennt hatten, wurde ich auch sofort in eine Klasse eingeteilt."

„Es war bestimmt toll, mit den anderen weißen Blutkörperchen etwas zu lernen?“, unterbrach ich sie.

„Nein, die Schule war die Hölle!“, klagte Lymphina. „Die Lehrer waren furchtbar streng, es herrschte ein regelrechter Drill. Tagein, tagaus mussten wir lernen, was körpereigen und was körperfremd ist. Mir kam es manchmal schon aus den Lymphozytenohren raus. Und wehe, es hatte sich mal jemand von uns vertan, gleich wurde er aus dem Klassenverband ausgeschlossen!“

„Wirklich so schlimm?“, fragte ich und spürte zwei Seelen in meiner Brust. Einerseits hatte ich Mitleid mit meiner süßen kleinen Freundin, auf der anderen Seite war ich froh, dass sie eine anständige Ausbildung bekommen hatte.

„Ach, das war nur der Anfang! Es wurde noch schlimmer!“, fuhr sie fort. „Nach einiger Zeit kamen wir in Spezialklassen. Die kleinen Raufbolde wurden zu professionellen Killerzellen ausgebildet, wie mein Bruder Killi.“

„Da war er bestimmt gut aufgehoben“, konterte ich lachend und dachte an Killi, meinen draufgängerischen Jugendfreund.

„Die Sanften wurden Unterdrückerzellen. Sie mussten lernen, jede Aktion geschickt zu beenden, jeden Streit zu schlichten. Die Intelligenzbestien, die Streber, wurden, weil sie sich alles so gut merken konnten, Gedächtniszellen. Und ich kam in die Eliteklasse. Ich wurde eine T-Helferzelle.“ Stolz erfüllte mich, als ich hörte, dass ausgerechnet meine kleine Freundin in die Eliteklasse gekommen war. Das konnte nur mein guter Einfluss gewesen sein!

„Und dann kam die Abschlussprüfung. Die war dann noch mal der absolute Hammer“, erzählte Lymphina weiter. „Nur eine von hundert Immunsystemzellen hat die Prüfung bestanden! Die anderen habe ich nie wieder gesehen. Böse Immunsystemzellenzungen behaupteten, sie seien umgebracht worden. Doch das will ich nicht glauben. So grausam kann das Leben nicht sein!“, berichtete sie mit stockender Stimme. Als sie dann jedoch weitererzählte, erschien ein verschmitztes Lächeln auf ihrem Gesicht.

„Die Abschlussfeier war super. Ich wurde offiziell geehrt und als beste Immunsystemzelle ausgezeichnet. Alle Immunsystemzellen wurden aufgefordert, mir zu gehorchen, und niemand durfte mich mehr Lymphinchen nennen, sondern alle mussten jetzt Lymphina zu mir sagen. Das war schon ein tolles Gefühl.“

„Ich wusste es schon immer, dass du die Beste bist“, rief ich, fest überzeugt von Lymphina, und schenkte ihr zur bestandenen Prüfung ein extradickes Sauerstoffmolekül.

„Danke, das ist lieb“, sagte sie und wurde ein bisschen rot.

„Und wie ging es dann weiter?“, fragte ich neugierig.

„Danach mussten wir noch eine Spezialschule besuchen.“

„Noch eine Schule? Gibt es eine zweite Thymusdrüse?“, fragte ich verwundert.

„Nein, es ist auch keine richtige Schule, eher so eine Art Praktikumsplatz. Wir mussten in den Darm. Dort konnten wir in aller Ruhe das theoretisch Gelernte in der Praxis ausprobieren, also gute von schlechten Bakterien unterscheiden.“

„Ja, im Darm gibt es wirklich wahnsinnig viele Bakterien“, stimmte ich Lymphina zu. „Und wie ging es dann weiter?“

„Als wir unser Praktikum erfolgreich beendet hatten, begann ein echter Actionfilm. Wir, als die großen Ritter, schwammen durch die Blut- und Lymphbahnen und kämpften heldenhaft gegen fiese Bakterien und hinterhältige Viren. Wir murksten Schimmelsporen ab und fesselten Krebszellen. Du musst wissen: Ohne uns würde der Körper mehrmals am Tag sterben, einfach so! Er würde von Bakterien angefressen werden, er würde anfangen zu schimmeln, er würde gefährliche Geschwüre bekommen und von Viren attackiert werden!“, erzählte Lymphina stolz.

„Wenn du durch die Blutgefäße geschwommen bist, hätten wir uns eigentlich schon viel früher treffen müssen. Denn da war ich auch unterwegs.“

„Ja, da hast du eigentlich recht. Aber ich habe dich nie gesehen. Von der alten Riege traf ich nur meine beiden Geschwister Killi, die Killerzelle, und Nimmersatt, die Fresszelle. Und meine Jugendfreundin B-Lymphi. Sie ist jetzt eine stattliche B-Lymphozyte geworden. Ehrlich gesagt, kann ich gar nicht mehr verstehen, warum ich mal auf meine Geschwister eifersüchtig gewesen bin. Nimmersatt ist ausgesprochen dumm und verfressen. Sie frisst alles, was tot herumliegt, Hauptsache, es gibt einen gewissen Lockstoff von sich. Killi ist zwar ein bisschen schlauer, er macht besonders gern lebende Zellen kalt, die von Viren befallen sind. Oder er killt hinterhältige Krebszellen. Aber im Endeffekt verlässt er sich doch immer auf mich und mein Urteil", gab sie an.

„Warst du denn auch im Magen? In der Nase? Im Mund? In den Ohren? In der Leber ...?"

„Klar, kenne ich alles", unterbrach mich Lymphina.

„Toll, dann hast du also auch Muzina, Sommersprossi, Eiweiß-Lappi, Steigbügel, Bitteri und all die anderen getroffen?", erkundigte ich mich und dachte an meine neuen Freunde.

„Nö, wer soll das sein?", fragte Lymphina erstaunt.

„Das sind die Zellen der verschiedenen Organe! Hast du dich denn nie mit den anderen Zellen unterhalten?", fragte ich erstaunt.

„Nein, ich spreche nur mit anderen Immunsystemzellen. Und natürlich mit dir", fügte Lymphina hinzu, als sie mein enttäuschtes Gesicht sah.

„Aber was tust du dann die ganze Zeit? Das muss doch total langweilig sein, wenn du nicht mit anderen Zellen sprichst!"

„Nein, gar nicht. Das Leben einer Immunsystemzelle ist sehr abwechslungsreich. Die meiste Zeit patrouillieren wir auf der Suche nach Feinden durch die Blutbahnen oder ruhen uns im Bindegewebe aus. Und wenn wir einen Virus oder ein Bakterium gefunden haben, rufen wir die anderen Immunsystemzellen, und ein gewaltiger Kampf beginnt. Oft sind wir auch in den Mandeln im Hals oder im Wurmfortsatz, das ist der kleine Schnupsel am Dickdarm, der fälschlicherweise oftmals als Blinddarm bezeichnet wird. Hier bekommen wir gefährliche Sachen aus dem Mund oder dem Darm am schnellsten zu sehen und können sie gleich abtöten. Besonders gerne bin ich in den Lymphknoten. Das ist so eine Art gesellige Kantine, wo wir Immunsystemzellen uns aufhalten und auf unseren Einsatz warten. Kommt da eine Fresszelle mit ihrem Fang vorbei, beginnt gleich eine wahre Fressorgie, die meist mit einem Anschwellen des Lymphknotens endet. Ähnlich wie bei den Menschenkindern, die eine Party feiern, wenn die Eltern nicht zu Hause sind. Dann gerät das Haus auch aus allen Fugen. In den Lymphknoten wird aber auch viel getratscht. Oder sagen wir: Es werden Erfahrungen ausgetauscht."

„Und wenn ihr durch die kilometerlangen Blutgefäße unterwegs seid, wie unterhaltet ihr euch dann?", fragte ich interessiert.

„Dafür gibt es sogenannte Botenstoffe, eine moderne Kommunikationstechnik, so ein Mittelding zwischen Brief, Telefon, WhatsApp, Facebook und E-Mail bei den Menschen, nur viel effektiver und genauer. Aber warte mal", unterbrach sie plötzlich ihren Redeschwall, „ich sehe gerade Nimmersatt mit einem Bakterium. Rühr dich nicht von der Stelle, ich bin gleich wieder da", sagte sie und war auch schon weg.

Und richtig: Wenn ich genau hinschaute, konnte ich am Ende des Gefäßes Nimmersatt mit irgendetwas Undefinierbarem im Arm sehen. Doch irgendwie schien sie unsicher zu sein und als Lymphina bei ihr ankam, konnte ich sogar auf die Entfernung hin ihre Erleichterung sehen. Danach wurde ich Zeuge eines brutalen Kampfes: Meine süße kleine Lymphina verwandelte sich in eine regelrechte Kampfmaschine. Sie fesselte, durchlöcherte und tötete das Bakterium und zerteilte es dann in kleine Stücke, die sofort von den zahlreichen gierigen Fresszellen vertilgt wurden …

Als Lymphina wieder zu mir kam, war sie wieder die kleine, weibliche Lymphina. Noch fasziniert von der eben gesehenen Verwandlung von der harmlosen Freundin zur knallharten Killerzelle, fragte ich erschüttert: „Machst du so einen Kampf oft?“

„Nein, die meiste Zeit ist unser Leben relaxt. Denn meistens schafft der Körper es ganz gut allein, gegen die Angreifer von außen, Bakterien und Viren, anzukämpfen. So hat er zum Beispiel mit der Haut einen großen Schutz.“

„Sommersprossi hat mir gar nicht erzählt, dass sie gegen Bakterien kämpft“, meinte ich misstrauisch, nicht sicher, ob auch alles, was Lymphina mir erzählte, der Wahrheit entsprach.

„Sommersprossi kenne ich nicht. Aber oben auf der Haut sitzen viele gute Bakterien, die die bösen abwehren“, erklärte Lymphina, als spüre sie mein Misstrauen. „Sollte doch mal ein Feind versuchen, durch eine der zahlreichen Öffnungen in den Körper reinzukommen, wird er sofort mit einem Schleim überzogen, der ein sehr effektives Enzym enthält, das Lysozym. Dadurch werden Bakterien und Viren abgetötet. Die Augen haben eine andere Technik. Die Tränen, die übrigens auch Lysozym enthalten, spülen die Keime wie Blätter in den Niagarafällen einfach weg.“

„Du, das habe ich erlebt, beinahe hätten die Tränen auch mich aus dem Auge gespült!“, berichtete ich und dachte an die Wasserflut, die ich erlebt hatte.

„Über den Mund gelangt der Keim zwar recht einfach herein“, fuhr Lymphina unbeirrt fort, „aber bereits die Spucke tötet mit dem Lysozym viele Bakterien ab, und den Rest erledigt dann die Magensäure."

„Oh ja, die ist gefährlich, da musst du zunächst von Muzina einbalsamiert werden!", warf ich wichtigtuerisch dazwischen, froh, auch etwas zur Unterhaltung beitragen zu können. „Das ist ein ganz ekliger Schleim!"

Aber irgendwie interessierte Lymphina meine Bemerkung nicht, sondern sie fuhr oberlehrerinnenhaft in ihren Erläuterungen fort.

„Auch die Nase hat ein ausgeklügeltes Abwehrsystem entwickelt. Zum einen befindet sich auch dort ein lysozymhaltiger Schleim, zum anderen hat sie zusätzlich kleine Flimmerhärchen, die alles aufhalten. Sollte dennoch ein Keim bis in die Lunge gelangen, verfängt er sich in den Flimmerhärchen der Lunge. Das sind Zellen, die wie kleine Bürstchen aussehen. Beim nächsten Husten wird der Eindringling dann schwupps, zusammen mit dem Schleim wieder nach draußen transportiert."

Gern hätte ich Lymphina erzählt, dass ich das alles bereits vor Ort gesehen hatte, aber irgendwie spürte ich, dass sie das nicht interessieren würde. Also versuchte ich mich auf ihre Erzählung zu konzentrieren und fragte betont interessiert: „Aber warum hatte dann Nimmersatt eben ein Bakterium huckepack?"

„Ja, weißt du", fuhr sie fort, und man sah ihr an, dass es ihr gefiel, mir alles zu erzählen, „es gibt ganz hinterhältige, fiese Bakterien und Viren, die es trotz aller Schutzmaßnahmen schaffen, in den Körper zu gelangen und sich dort rasant vermehren, zum Beispiel Grippe- und Windpockenviren. Dann müssen wir als Ritter aufs Schlachtfeld. Vergangenes Jahr, im Herbst, hatte ich einen richtigen Großeinsatz. Da kam Nimmersatt mit zwei riesigen Bakterien im Schlepptau in meinen Lymphknoten. Sie fragte mich, ob die beiden böse seien, weil sie selbst es nicht erkennen konnte, und erzählte, in der Blutbahn und im Gewebe wären noch Millionen davon. Da ich gut geschult bin", prahlte Lymphina, „sah ich sofort, dass es sich um eine Gefahrensituation handelte. So gab ich ihr und den anderen Fresszellen den Befehl, sofort alles zu vernichten. Auch zahlreiche Enzyme beteiligten sich an dem Gemetzel gegen die Eindringlinge. Doch schon bald musste ich erkennen, dass alle diese Maßnahmen nicht ausreichten. Der Feind schien übermächtig."

„Oh Gott!", sagte ich.

„Ja, Gott sei Dank kamen uns da die Mastzellen zur Hilfe."

„Wer ist das?"

„Verwandte der Immunsystemzellen. Sie produzierten einen aufregenden Lockstoff für die Fresszellen, und immer mehr kleine Nimmersatte kamen dadurch herbei. Auf dem Weg aus dem Blut in das verseuchte Gebiet verhielten die Fresszellen sich allerdings so gierig und ungeschickt, dass sie die Gefäße beschädigten und Flüssigkeit aus dem Blut ins umliegende Gewebe trat. Dadurch wurde diese Stelle dick und tat weh. Noch immer war unsere Situation hoffnungslos. Ich forderte weitere Fresszellen und meinen Bruder Killi mit seiner Truppe an. Damit sie schneller zum Einsatzort kommen konnten, machte der Körper die Blutgefäße so weit wie eine achtspurige Autobahn. Auch B-Lymphi eilte herbei mit ihrer B-Lymphozytentruppe. Jeder von ihnen hatte eine Erkennungsmarke und war gedrillt auf einen bestimmten Feind. Die Erkennungsmarke von B-Lymphi passte auf unser Bakterium. Nach kurzer Rücksprache mit ihr gab ich ihr den Befehl, sich zu klonen. Und innerhalb kurzer Zeit entstanden Tausende von B-Lymphis. Ich bekam richtig ein bisschen Angst bei so vielen Freundinnen. Sie produzierten sofort eine riesige Menge an Pfeilen mit Widerhaken, sogenannte Antikörper, und feuerten sie erbarmungslos auf den Feind ab. Dadurch wurde der Angreifer gefesselt, und Killi und Nimmersatt konnten ihn in Ruhe fressen. Das Gehirn hatte inzwischen den geheimen Notbefehl zur Temperaturerhöhung gegeben, und dadurch stieg die Temperatur im Menschen künstlich an."

„War das nicht gefährlich?"

„Nein, das ist das Fieber! Es ist sehr hilfreich. Durch das Fieber wurde nämlich ebenfalls ein großer Teil der Bakterien abgetötet. Ein bisschen genervt haben mich nur diese Streber-Gedächtniszellen-Zellen. Sie standen die ganze Zeit nur am Rand rum und notierten sich das Aussehen des Feindes. Na ja, ich weiß, dass sie auch nötig sind, damit wir beim nächsten Angriff noch schneller sind. Als wir so richtig gut drauf und in Aktion waren, kamen die Unterdrückerzellen, diese ewigen Spielverderber und Weicheier. Sie bliesen natürlich zum Abbruch. Ich hätte gerne noch ein bisschen weitergekämpft. Aber wenn ich ehrlich bin, war der Feind schon ziemlich platt. Danach haben wir erstmal eine ‚Gemeinsam-sind-wir-stark-Feier' abgehalten."

Während Lymphinas Erzählung war ich ganz still und traurig geworden.

„Mensch, hast du ein tolles und aufregendes Leben! Willst du denn überhaupt noch etwas mit mir zu tun haben, wo du doch eine so tolle Kämpferzelle bist?", fragte ich mit tränenunterdrückter Stimme.

„Aber klar doch, du bist doch mein bester Freund!", versuchte Lymphina mich wieder aufzubauen, während sie mich liebevoll in die Arme nahm. Aber irgendwie besserte selbst diese Liebkosungen meine Stimmung nicht. Als Lymphina es bemerkte, flüsterte sie mir zu: „Einmal ist mir was Peinliches passiert. Aber du musst mir versprechen, dass du es niemandem erzählst!"

„Dir, etwas Peinliches? Das kann ich mir gar nicht vorstellen", schniefte ich mit belegter Stimme.

„Doch", sagte Lymphina, während sie mich streichelte. „An diesem Tag habe ich Killi furchtbar beschimpft, weil er etwas angriff, was vollkommen normal aussah. Doch er ließ sich nicht beirren, und als er sein Opfer erledigt hatte, sah ich, dass die Zelle eine Tarnkappe trug. Und weißt du was? Dahinter kam doch tatsächlich eine gefährliche Krebszelle zum Vorschein! Killi erklärte mir dann, dass Krebszellen, von denen jeden Tag Tausende im menschlichen Körper entstehen, sich gerne tarnen und man als Immunsystemzelle deswegen immer doppelt aufpassen muss. Mir war mein Fehler furchtbar peinlich. Aber Killi versprach, meinen Lapsus nicht zu verraten."

„Ich werde es auch niemandem erzählen", sagte ich und konnte schon wieder lächeln, obwohl ich mir nicht sicher war, ob Lymphina die Geschichte nicht nur erfunden hatte, um mich aufzumuntern. Aber egal. Das Wichtigste war, dass ich begriff, dass wir alle gleich bedeutend sind und auch die beste, tollste Zelle mal einen Fehler macht. Ich war sehr froh, eine solche Freundin zu haben.

Die Knochen: ein lustiges Gerüst

„Wollen wir zu den Knochen schwimmen?", fragte ich, schon wieder gutgelaunt.

„Ja, das ist eine gute Idee!", jauchzte Lymphina, sichtlich erfreut, dass ich wieder fröhlich war.

Lustig singend machte ich mich mit ihr auf den Weg: „Schön ist es, auf der Welt zu sein / Wenn die Lunge bläst für Groß und Klein …"

„Hör auf", lachte Lymphina, „da wird ja das Blut sauer, so falsch, wie du singst."

Doch meine gute Laune konnte durch nichts beeinträchtigt werden, und so trällerte ich munter weiter: „Du kannst atmen, du kannst gehen / Dich an allem freu´n und alles sehn! / Schön ist es, auf der Welt zu sein, sagt der Eros zu der Lymphina. / Du und ich wir stimmen ein: Schön ist es, auf der Welt zu sein ..."

„Gott sei Dank, wir sind da und das Gejaule hört auf!", murrte Lymphina halb im Spaß, halb im Ernst.

Wir waren inzwischen in der Hand angekommen und ich musste, um mich mit den Knochen unterhalten zu können, meinen Gesang leider unterbrechen.

„Huch, das Skelett sieht aber gruselig aus! Seid ihr innerlich auch so verknöchert, wie ihr ausseht?", provozierte ich übermütig.

„He, kleiner Frechdachs, du bist ganz schön vorlaut! Du hast Glück, dass wir nur äußerlich so knöcherig sind. Innerlich sind wir ausgesprochen spaßig drauf! Deshalb haben wir auch alle so lustige Namen. Ich zum Beispiel heiße

Mondbein. Dann gibt es das Kahnbein (hat aber nichts mit dem Torwart zu tun), das Erbsenbein (kann man nicht essen), das Kopfbein (das ist in der Hand, nicht im Kopf), das Würfelbein im Fuß und so weiter."

„Ja, du hast recht", fiel ich kichernd ein, „ich kenne noch den Steigbügel, den Hammer und den Amboss im Ohr. Wie viele Knochen hat eigentlich so ein Mensch?"

„Wir hier in der Hand sind 27. Im ganzen Körper gibt es ungefähr 212 Knochen, und Kinder haben sogar 300 Knochen."

„Du meinst, der Mensch verliert im Laufe des Lebens Knochen?", fragte ich erstaunt, „Hoffentlich verliert er nicht meinen Freund Steigbügel!"

„Nein, du Dummerchen!" Normalerweise hätte mich diese Bezeichnung schon wieder auf die Palme gebracht, aber heute war ich einfach zu gut drauf.

„Der Mensch verliert nicht Knochen, sondern manche Knochen wachsen im Laufe des Lebens zusammen. Bei manchen Menschen mehr, bei anderen weniger. Deswegen haben auch nicht alle Erwachsenen 212 Knochen. Manche haben mehr, andere weniger."

„Und was tut ihr so den

ganzen Tag? Leitet ihr auch Schwingungen weiter, wie mein Freund Steigbügel?"

„Nein, die meisten Knochen schützen die Organe So bilden zum Beispiel die Rippen eine Art Schutzkäfig für die Lunge. Oder der Schädel: Er schützt das Gehirn und die Augen. Andere Knochen, wie zum Beispiel wir als Handknochen, sind zusammen mit dem Muskel für die Bewegung da. Ohne uns wäre der Mensch schlapp wie ein Handtuch. Er könnte sich nicht bewegen, könnte sich nicht aufrichten und würde wie ein Mehlsack hinplumpsen. Du musst dir das vorstellen wie eine Marionette. Wir Knochen sind die Glieder der Puppe, dazwischen gibt es die Gelenke, die halten uns Knochen zusammen und sorgen dafür, dass der Körper die Bewegungsrichtung ändern kann. Und 639 Muskeln, die mit ihren Ausläufern, den Sehnen, an uns befestigt sind, sind die Fäden der Marionette. Sie sorgen dafür, dass der Mensch sich in alle Richtungen bewegen kann."

„639 Muskeln? Braucht der Mensch wirklich so viele?", fragte ich ungläubig.

„Oh ja, die Bewegungen sind zum Teil sehr komplex! Allein zum Lachen brauchen wir 100 Muskeln", erklärte mir Mondbein freundlich weiter.

„Und wer zieht an den Fäden, also an den Muskeln?", fragte ich weiter, fasziniert von den Geschichten des kleinen Knochens.

„Da wird nicht dran gezogen, sondern die Bewegung wird vom Gehirn gesteuert."

„Schon wieder das tolle Gehirn. Das ist ja wirklich das absolute Überorgan", rief ich bewundernd. „Wie kommt es eigentlich, dass ihr so hart seid? Also, versteh mich nicht falsch, du bist sehr nett! Aber ich stehe eher auf das Weiche, Anschmiegsame …"

„Ist schon okay, die meisten finden uns knöcherig. Das macht das Calcium in uns. Wir bestehen zu 99 Prozent daraus, und ohne das Calcium wären wir wie eine Gummipuppe. Deswegen sind wir auch ziemlich schwer. Beim Erwachsenen wiegen wir ungefähr zehn Kilo. Übrigens, dein Freund Steigbügel ist der kleinste Knochen im Körper. Und der Oberschenkelknochen der größte."

„Apropos Oberschenkelknochen: Können wir jetzt endlich dorthin schwimmen?", maulte es mich von links an.

Lymphina! Die hatte ich total vergessen. „Findest du es denn nicht superinteressant hier?", fragte ich erstaunt.

„Nö, hier ist es total langweilig, nicht eine einzige Entzündung, nicht ein einziges Bakterium weit und breit."

Eigentlich wäre ich gerne noch ein bisschen geblieben, aber ich musste gestehen: Ich hatte mich in Lymphina verguckt und wollte ihr natürlich alles recht machen. Deshalb war ich auch sofort bereit, zu unserer Geburtsstätte, ins Knochenmark, zu schwimmen. In das Innere des Oberschenkelknochens, um genau zu sein.

Das Knochenmark: ein großes Kinderzimmer

Schon von weitem schallte uns Geschrei, Gequietsche und Gekicher entgegen.

„Oh, ist das laut hier!", brüllte ich Lymphina entgegen, während ich mir die Ohren zuhielt.

„Das ist doch nicht schlimm, das sind doch nur unsere kleinen Geschwister", meinte Lymphina lachend. „Schau doch mal, wie süß die Kleinen sind! Guck mal, das kleine Lymphinchen dort hinten, und der goldige Ery da drüben!"

Mit glänzenden Augen kam Lymphina überhaupt nicht mehr aus dem Schwärmen heraus. Ich glaube, bei Lymphina kamen Muttergefühle durch, und das machte sie für mich sehr anziehend. Lymphina fiel schon bald in die Lehrerinnenrolle und fing an, die kleinen weißen und roten Blutkörperchen zu unterrichten.

„Erzähl doch den Kleinen auch was von deinen Erlebnissen", forderte sie mich auf.

Also fing ich an, meine Geschichten zu erzählen. Aber ich war nicht so ein guter Lehrer wie Lymphina. Die vielen Zuhörer machten mich nervös, und so verhaspelte ich mich, und schnell war meine Autorität dahin. Mein Publikum begann zu kichern und schwatzte durcheinander. Lymphina bemerkte meine missliche Situation und übernahm sofort wieder die Führung. Ruckzuck saßen alle wieder still vor ihr und lauschten mit großen Augen.

Nach einiger Zeit wurde mir das Ganze langweilig. Die Kleinen waren mir einfach zu laut, zu tollpatschig, zu nervig. Ich war mir sicher, dass ich als Kind ganz anders gewesen war. Endlich, nachdem ich mehrmals gelangweilt gegähnt hatte, war Lymphina bereit, mit mir weiter zu schwimmen. Sie versprach jedoch den Kleinen, bald wiederzukommen. Um nicht ganz als Spielverderber dazustehen, ließ ich ein paar Sauerstoffmoleküle als Snack zurück. Die Teufelsbande stürzte sich sofort mit ohrenbetäubendem Geschrei darauf und begann, sich lautstark zu streiten. Noch viele Blutgefäße weiter hörten wir das Gezanke.

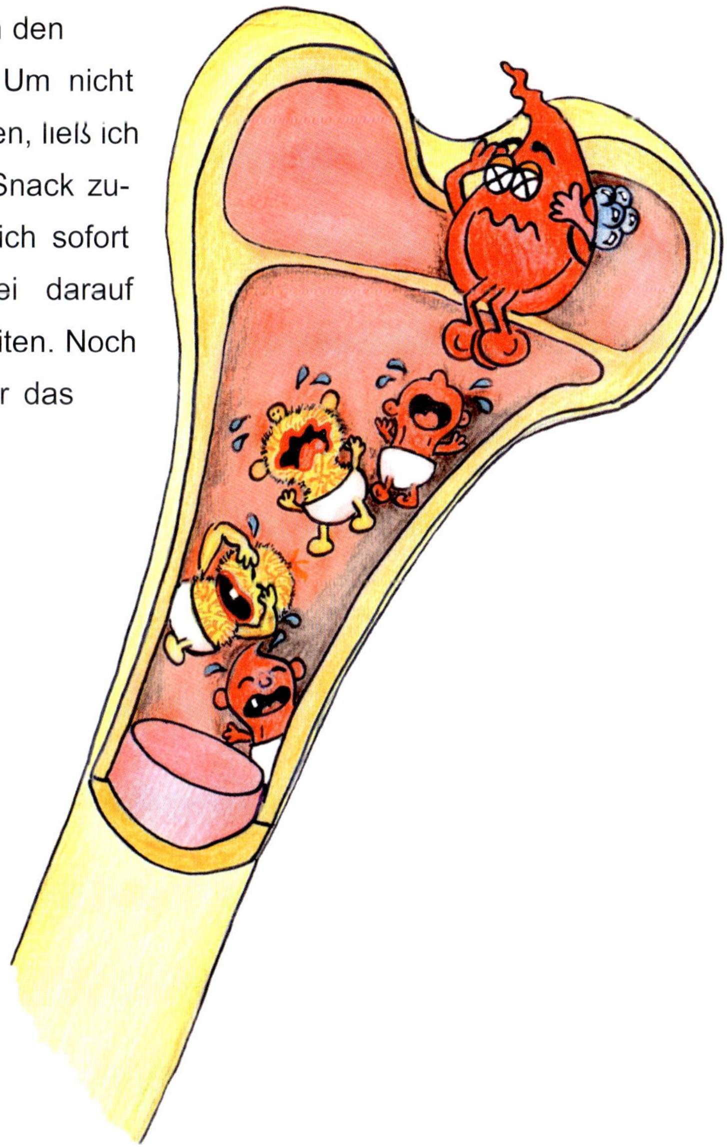

Der Bizeps: ein echt starker Muskel

Nachdem wir das Knochenmark mit seinen anstrengenden Bewohnern hinter uns gelassen hatten, schwammen wir in den Armmuskel, den Bizeps. Beim Näherkommen hörten wir immer deutlicher ein Jammern und Wehklagen.

„Oh, es tut so weh, oh, diese Schmerzen, oh, ich halte das nicht mehr aus!“

„Was ist mit dir, Bizeps?“, rief ich beim Näherkommen.

„Oh, ich habe so einen Muskelkater!“

„Du hast eine Katze?“, fragte ich verwundert. „Hat sie dich gekratzt? Und wo ist sie jetzt?“

„Nein“, stöhnte Bizeps, „ich habe keine Katze, ich habe einen Muskelkater!“

„Oh, wie kann man nur so kleinkariert sein? Es ist doch vollkommen egal, ob Katze oder Kater!“

„Gott, bist du dumm“, jammerte Bizeps und wandte sich theatralisch an Lymphina: „Kannst du deinem dämlichen Freund bitte erklären, was ein Muskelkater ist? Ich bin durch die Schmerzen zu schwach dafür.“

Lymphina setzte ihren Lehrerinnenblick auf und begann mit einer wissenschaftlichen Erläuterung: „Der Muskelkater hat nichts mit einer Schmusekatze zu tun. Er entsteht, wenn ein Muskel überbeansprucht wird. Wenn der Mensch sich also zu viel oder falsch bewegt.“

Ich denke, Bewegung ist gut?“, fragte ich trotzig, denn ich war ein bisschen sauer, dass mich Lymphina überhaupt nicht gegen die Frechheiten von Bizeps verteidigt hatte.

Doch Lymphina schien meinen Unmut nicht zu bemerken und fuhr unbeirrt fort: „Bewegung ist gut und gesund. Aber wenn der Mensch falsch oder übertrieben trainiert, entstehen kleine Risse im Muskel, und die schmerzen sehr. Das nennt man dann Muskelkater. Aber genug geschwatzt! Jetzt müssen wir Bizeps helfen!“

„Helfen?“, fragte ich erstaunt. „Wie soll das denn gehen?“

„Wir müssen die Verletzungen reparieren“, antwortete Lymphina erstaunt über meine Frage. „Ich repariere und du reichst mir Sauerstoff.“

Sofort fiel Lymphina wieder in ihren Lehrerinnenton, eigentlich war es eher schon ein Feldwebelton. Sie sonderte nur noch kurze, knappe Befehle ab: „Ein Sauerstoffmolekül nach rechts, zur siebten Muskelfaser! Zwei Sauerstoffmoleküle nach links, zur 18. Faser! Ein Sauerstoffmolekül nach vorne, zur 12. Faser!“

Langsam nervte mich ihr Befehlston, vor allem, als ich merkte, dass Lymphina auch dann noch weitermachte, als alle Muskelfasern schon längst repariert waren. Also beschloss ich, allein weiter zu schwimmen. Weil ich Lymphina aber nicht verärgern wollte (abgesehen von ihrer Besserwisserei hatte ich sie wirklich lieb), ließ ich mir eine Geschichte einfallen.

„Duuu, Lymphina, kommst du hier eventuell auch alleine klar? Ich habe nämlich einen ganz, ganz wichtigen Auftrag im Körper bekommen. Ich lass dir auch noch einige Sauerstoffmoleküle da. Ich denke, du bist so toll, dass du es bestimmt auch alleine schaffst.“

„Ja, schwimm du nur weiter, ich pack das hier schon“, antwortete Lymphina ohne aufzuschauen.

„Okay, ich schwimm dann los! Wir sehen uns bald wieder! Oder soll ich doch bleiben?“, fragte ich zweifelnd, hin- und hergerissen zwischen meiner Zuneigung und dem Verantwortungsgefühl für Lymphina und meinem Drang, wieder allein zu sein.

„Schwimm ruhig los. Ich komme hier schon klar. Wir treffen uns bestimmt bald wieder“, gab Lymphina mir emotionslos zur Antwort.

Ich war ein bisschen traurig, dass Lymphina die Trennung anscheinend gar nichts ausmachte. Doch als ich sie noch einmal umarmte, sah ich doch ein Tränchen in ihren Augen blitzen. Anscheinend hatte sie mich doch ein wenig lieb. Aber ihr Pflichtbewusstsein stand über allem.

Lange dachte ich beim Weiterschwimmen über Lymphina nach. Sie war wirklich eine fantastische Freundin. Aber ein Leben, das nur aus Pflichten bestand, wäre auf Dauer nichts für mich. Ein bisschen Spaß musste man doch auch haben! Und nichts ist so schön, wie sich einfach mal nur treiben zu lassen, dachte ich, drehte mich auf den Rücken und überließ mich der langsamen, warmen Strömung. So kam ich mehr durch Zufall als durch gezielte Schwimmbewegungen in die rechte Niere.

Die Niere: eine riesige Kläranlage

Die Niere sah von außen aus wie eine riesengroße Bohne. Da das Blutgefäß direkt in die Niere hineinging, beschloss auch ich, dort hineinzuschwimmen.

Innerhalb der Niere war die Arterie gar nicht mehr schön gerade, sondern lag aufgerollt, wie ein riesiges Wollknäuel. Plötzlich spürte ich einen starken Sog. Ich wurde in Richtung Gefäßwand gedrückt und, oh Schreck, die Arterie hatte hier Löcher!

Mit aller Kraft versuchte ich, wieder in die Mitte des Blutgefäßes zu schwimmen. Doch durch meine Lehrtätigkeit im Knochenmark und die harte körperliche Arbeit im Muskel war ich wohl zu geschwächt, und so kam ich den Öffnungen immer näher. ‚Hilfe, kann das Leben nicht ein einziges Mal ohne Gefahren sein?', dachte ich ängstlich, während ich mit ansehen musste, wie immer mehr Blutflüssigkeit durch die Löcher verschwand. Verzweifelt rief ich nach Plattina und Plattino: „Schnell, ihr müsst kommen und die Löcher stopfen!"

Doch das war mal wieder typisch: Kaum brauchte man die beiden ein einziges Mal, waren sie nicht in der Nähe. Niemand schien mich zu hören. Jetzt half nur noch ein Gebet zu Erosamus: „Lieber Erosamus, ich weiß, dass du alle deine 25 Billionen roten Blutkörperchenenkel und deine 30 Milliarden weißen Blutkörperchenenkel und nicht zu vergessen deine Blutplättchenenkel sehr lieb hast! Aber mich hast du doch bestimmt ganz besonders lieb, und deswegen willst du doch auch nicht, dass ich durch dieses Loch gedrückt werde!"

Kaum hatte ich die Worte ausgesprochen, hörte der Sog auf – genauer gesagt, ich blieb vor dem Loch hängen. Vielleicht hatte mein Gebet geholfen. Oder lag es daran, dass ich in der letzten Zeit doch ein bisschen zugenommen hatte? Egal, Hauptsache, ich war noch im Blutgefäß!

„Hallo, was soll das? Hört mich denn keiner? Ich bin Eros, der Super-Ery, und erwarte eine Erklärung!", rief ich wütend und erleichtert zugleich.

„Hallo, Eros!", hallte es aus weiter Ferne zurück. „Warum brüllst du so? Es ist doch alles in Ordnung!"

„Alles in Ordnung? Ich wäre beinahe durch so ein Loch geflutscht!"

„Du brauchst keine Angst zu haben. Durch die Löcher wird nur die Blutflüssigkeit mit den Giftstoffen gepresst. Die roten und weißen Blutkörperchen, die Eiweiße und der rote Blutfarbstoff passen nicht durch."

„Aha, und woher weißt du das?", rief ich zurück.

„Ich bin Bowmanni [gesprochen *Baumanni]*, eine Bowman'sche Kapsel. Ich bin so eine Art Auffangschale für den Blutsaft mit den Giftstoffen, der durch die Löcher gepresst wird. Das sind ungefähr 180 Liter pro Tag. Man nennt das übrigens den Primärharn."

„Du spinnst! Wenn der Körper so viel Pipi machen würde, wäre er ganz schnell eine ausgetrocknete Backpflaume!"

„Ja, ein bisschen hast du recht! Ich habe dich aber trotzdem nicht angeschwindelt. Denn danach fließt der Primärharn durch ein Röhrensystem, das Tubulussystem. Dort holt sich der Körper einen großen Teil der Flüssigkeit, der Salze und des Zuckers zurück, sodass nur anderthalb bis zwei Liter übrig bleiben. Die fließen dann über den Harnleiter in die Harnblase."

„Wie sieht die aus?"

„Die ist wie ein riesiger Ballon. Und wenn sie gefüllt ist, so ungefähr nach einem halben Liter, meldet sie das an das Gehirn. Dann bekommt der Mensch ganz argen Druck und muss schnell aufs Klo. Da aber nicht immer ein Klo in der Nähe ist, gibt es noch den Schließmuskel. Der presst sich so lange fest zusammen, bis man endlich auf der Toilette sitzt. Manchmal ist der Schließmuskel aber nicht stark genug, und dann geht ein bisschen Pipi in die Unterhose."

„Dann seid ihr ja eine riesige Kläranlage."

„Ja, stimmt. Das Blut nimmt auf dem Weg durch den Körper alles Mögliche an Müll mit, und hier in der Niere wird dieser Abfall wieder aus dem Blut herausgefiltert. Pipi, also Urin, ist eigentlich nur schmutziges Wasser. Deswegen ist der Urin auch dunkel, wenn man wenig trinkt, und hell, wenn man viel trinkt."

„Und woher kommt der Dreck?", fragte ich weiter.

„Weißt du, wenn Zellen sterben …"

„Sterben?", fragte ich ängstlich.

„Ja, aber nur alte Zellen", beruhigte mich Bowmanni.

„Du meinst so ganz alte und unelastische Zellen, die nicht mehr durch die Milzporen passen?"

„Ja, genau solche. Also, wenn solche Zellen sterben oder wenn die Immunsystemzellen böse Zellen abtöten …“

„Lymphina, meine beste Freundin, ist die tollste Immunsystemzelle der Welt!“

„Ja“, erwiderte Bowmanni lachend und nahm mir meine Zwischenrufe nicht übel, sondern fuhr fort: „Also, diese ganzen Zellreste sind für den Körper giftig und müssen über die Niere ausgeschieden werden. Aber auch wenn das Essen zerkleinert wird, entstehen Giftstoffe, die ausgeschieden werden müssen.“

„Oh, erinnere mich nicht daran!“, stöhnte ich und dachte an die schreckliche Furzerei von Bifi und Klebsiella.

„Deinem angeekelten Gesichtsausdruck nach zu urteilen, warst du schon mal im Darm.“

„Aber nie wieder! Du kannst dir gar nicht vorstellen, wie es da stinkt! Wie die da rumfurzen!“

„He, sprich nicht so schlecht über die Darmbakterien, die sind sehr wichtig!“, ermahnte mich Bowmanni.

„Da hast du bestimmt recht“, gab ich widerwillig zu, „aber ich bin doch froh, dass ich nicht so rumpupse. Aber, du bist super“, wechselte ich schnell das Thema, „magst du Sauerstoff haben?“

„Aber klar doch, immer her damit, da sag ich nicht nein! Darf ich dir auch ein bisschen alte Luft mitgeben?“

„Logisch, ich tausche sie dann in der Lunge wieder um.“

Nachdem wir getauscht hatten, schwamm ich weiter, denn ich wollte jetzt endlich in das absolute Superorgan. In das Gehirn.

Das Gehirn: ein echtes Superorgan

Der Weg zum Gehirn war lang. Tapfer kämpfte ich mich nach oben in Richtung Kopf. Kaum dort angekommen, stand ich schon wieder vor einer Schranke und einem grantig dreinblickenden Schrankenwärter.

„Du kommst hier nicht rein“, herrschte er mich schon von weitem an.

„Mensch, mach dich mal locker! Ich habe schon so viele Klappen, Schranken und Pförtner kennen gelernt, und alle haben mich schließlich doch durchgelassen. Du musst nämlich wissen: Ich bin Eros, das tollste rote Blutkörperchen der Welt!“

„Von mir aus kannst du der Kaiser von China sein – du kommst hier nicht durch. Dafür bist du viel zu dreckig. Ich, als Schrankenwärter der Blut-Hirn-Schranke, habe nämlich dafür zu sorgen, dass kein Dreck, Schmutz oder Bakterium ins Gehirn gelangt. Das Gehirn ist so wichtig, dass es absolut sauber bleiben muss!“

„Ich glaube, du hast mich nicht richtig verstanden“, konterte ich wütend, „ich bin nicht nur Eros, das tollste und intelligenteste, sondern auch das schönste, gesündeste und sauberste rote Blutkörperchen der Welt!“

„Das ist mir egal. Du kommst hier nicht rein.“

Als ich merkte, dass ich so nicht weiterkam, änderte ich meine Taktik. „Okay, dann schwimme ich halt woanders hin“, murmelte ich ergeben.

„Das ist sehr vernünftig, Kleiner. Du hast also doch eine gute Kinderstube gehabt.“

„Okay, tschüss dann!“, rief ich gespielt fröhlich, doch während ich mich herumdrehte, fragte ich möglichst gleichgültig: „Magst du eigentlich Sauerstoff?“

„Was für eine Frage! Sauerstoff ist mein absolutes Lieblingsgericht. Dafür würde ich alles tun.“

„Alles?“, fragte ich scheinheilig.

„Alles!“ Ihm lief vor lauter Gier schon der Sabber aus dem Mund.

„Zufällig habe ich ein paar besonders dicke, leckere Sauerstoffmoleküle dabei. Schade, dass du die von so einem dreckigen und schmutzigen roten Blutkörperchen nicht annehmen darfst.

„Gut, gut, ich habe verstanden! Ich schlage dir einen Deal vor: Ich ordere einen Reinigungstrupp, der dich absolut gehirnclean macht, und danach lasse ich dich ausnahmsweise durch. Als Gegenleistung bekomme ich von dir … sagen wir, vier fette Sauerstoffmoleküle! Und du nimmst noch einen Berg alter Luft mit.“

„Drei Sauerstoffmoleküle, und ich darf mich selber waschen“, pokerte ich mit einem Grinsen.

„Wir sind hier nicht auf dem Basar. Hier wird gemacht, was ich sage.“

„Okay, okay, okay!“ Ich merkte, dass ich nicht mehr rausholen konnte, und mein Ziel, ins Gehirn zu kommen, wollte ich auf gar keinen Fall aufs Spiel setzen. „Ich ergebe mich!“

„Gut, dann rufe ich jetzt den Reinigungstrupp.“

Ein greller Pfiff schallte durch die Blutbahn. Der schrille Ton war noch nicht ganz verklungen, als eine ganze Armada kleiner Immunsystemzellen anrückte. Der Anführer wandte sich kurzangebunden an den Schrankenwärter.

„Angetreten zur Reinigung des kleinen Dreckspatzes, Sir! Nehme an, es ist der da drüben?“

Ich hatte nicht mal mehr Zeit, gegen die Verunglimpfung zu protestieren, als die Putzkolonne schon über mich herfiel. Was dann auf mich zukam, werde ich nie vergessen: Es war, als wäre ich in eine Waschstraße mit Turbogang inklusive Unterbodenwäsche geraten, dazu diverse Extras: Polieren und dieser fiese Starkstrahler, der beim Auto die eingetrockneten Fliegenreste zermatscht. Es war der reine Horror. Ich bin doch so kitzlig! Doch alle Schreie, Hilferufe und Schutzhaltungen halfen nichts. Nach einer halben Ewigkeit lie-

ßen die Schächer endlich von mir ab. Meine Haut brannte am ganzen Körper wie Feuer. Wahrscheinlich war ich so sauber, dass sich nun die Umgebung in mir spiegelte. Ich war fix und fertig.

„Aufgabe erfolgreich erledigt, Sir. Objekt sauber. Bitten gehen zu dürfen. Haben Lagebesprechung mit Lymphina“, salutierte der Anführer der Reinigungstruppe.

Der Name meiner Freundin ließ meine Lebenskräfte wieder zurückkehren.

„Lymphina ist meine beste Freundin!“, rief ich freudig.

„Oh, das wussten wir nicht. Wir hätten sonst den Weichspülgang genommen. Bitte um Verzeihung, Sir“, erklärte der Truppenführer noch immer zackig, aber nun mit leicht entschuldigendem Unterton. ‚Na toll‘, dachte ich, entgegnete aber laut: „Ist nicht so schlimm, ich bin hart im Nehmen. Grüßen Sie mir bitte Lymphina!“

„Wird gemacht, Sir!“, salutierte der Oberkommandeur vor mir, bevor er der Truppe den Befehl „Kehrt Marsch!“ gab und diese genauso schnell verschwand wie sie gekommen war. ‚Lymphina hat schon seltsame Freunde‘, dachte ich und wandte mich wieder an den Schrankenwärter.

„So, kann ich jetzt durch?“, fragte ich ungestüm.

„Halt, halt, halt, hast du nicht was vergessen?“

„Was soll ich vergessen haben? Es gibt mit Sicherheit nicht eine einzige Pore an mir, die nicht mehrmals geschrubbt, gereinigt, desinfiziert und poliert worden ist! Ich bin keimfreier als eine Desinfektionslösung! Was willst du denn noch?“, fragte ich genervt.

„Wolltest du mir nicht was geben?“

„Ach ja, die Sauerstoffmoleküle. Hier hast du sie. Und gib mir schon mal die alte Luft. Weißt du was? Manchmal komme ich mir vor wie ein überladenes Pizzataxi! Ihr ruft mich immer nur, wenn ihr leckeren Sauerstoff fressen wollt! Und die dreckige Verpackung, das blöde Kohlendioxid, darf ich dann wieder entsorgen“, meckerte ich.

„Na ja, ein bisschen siehst du ja auch aus wie eine Pizza mit Tomatenmark“, meinte der Schrankenwärter ironisch.

Das war zu viel für mich. Der lange Weg, die schreckliche Waschung, das Gefühl, nur wegen meines Sauerstoffs geliebt zu werden, und jetzt auch noch der Vergleich mit einer Pizza! Ich brach in Tränen aus. Ich schluchzte so sehr, dass mein ganzer Körper zitterte.

„He, Kleiner, so habe ich das doch nicht gemeint. Ich wollte dich nur ein bisschen foppen“, sprach der Schrankenwärter fast liebevoll zu mir.

„Schnuff, schnief, keiner hat mich lieb!“

„Blödsinn, wir alle haben dich total lieb! Weil du so ein süßes, rotes Blutkörperchen bist.“

„Das sagst du jetzt nur so“, schluchzte ich unter Tränen.

„Nein, ich glaube, ich war eben nur so gemein zu dir, weil ich ein bisschen eifersüchtig auf dich bin.“

„Was, eifersüchtig auf mich? Wieso das denn?“

„Na ja, du darfst den ganzen Tag durch den Körper schwimmen. Du triffst viele Zellen, erlebst tolle Abenteuer. Und ich? Ich hocke hier mein ganzes Leben lang vor diesem blöden Tor und passe auf, dass nichts Dreckiges oder Gefährliches ins Gehirn kommt.“

„Aber das ist doch eine wichtige und tolle Aufgabe. Du bist der persönliche Bodyguard vom absoluten Superorgan. Wenn du versagst, stirbt das Gehirn.

Und dann sterben wir alle!“

Ich hatte das Gefühl, dass es jetzt an mir war, zu trösten. Außerdem hatte ich schon von klein auf gelernt, alle Zellen für gleich wichtig zu erachten.

„So habe ich das noch nie gesehen“, bedankte sich der Schrankenwärter fast ein bisschen untertänig.

„Du bist sehr wichtig“, betonte ich noch einmal. „Und deswegen bekommst du nicht nur vier Sauerstoffmoleküle, sondern fünf.“

„Danke, du bist wirklich lieb. Na, dann schwimm mal durch zum Gehirn und melde dich bei Hirni 3.000.701. Die ist besonders nett“, sprach der Schrankenwärter in einem sanften Ton, den ich ihm gar nicht zugetraut hätte.

„Mach ich“, erwiderte ich ebenso freundlich. „Auf dem Rückweg komme ich dann wieder bei dir vorbei und nehme die verbrauchte Luft mit.“

„Prima, bis später! Und viel Spaß!“

Das Gehirn hat mich dann erst mal mächtig enttäuscht. Es sah gar nicht so spektakulär aus. Eher wie ein matschiger, weißer, leicht rosafarbener Blumenkohl. Und es war auch nicht hart und fest, wie man es von einem Powerorgan erwarten würde, sondern weich wie Butter. ‚Das soll die atemberaubendste Stelle des Körpers sein? Beim Wettbewerb Germany's next Superorgan wäre es noch nicht mal in den Vorentscheid gekommen! Aber vielleicht hat es ja tolle innere Werte‘, dachte ich, während ich mich auf die Suche nach Hirni 3.000.701 machte.

Das war gar nicht so einfach, denn im Gehirn gibt es sage und schreibe 100 Milliarden Gehirn- und Nervenzellen. Endlich, in einer abgelegenen schummerigen Windung, fand ich Hirni 3.000.701.

„Hallo, ich bin der Eros! Das tollste und seit Neuestem auch das sauberste rote Blutkörperchen der Welt!“

„Hallo, ich bin Hirni 3.000.701, eine ganz normale graue Zelle“, antwortete Hirni 3.000.701 schüchtern.

„Warum so bescheiden? Ich habe so viele tolle Sachen vom Gehirn gehört. Und außerdem, wieso grau? Du hast doch so ein süßes Babyrosa!“, fragte ich erstaunt.

„Danke, schön, dass dir meine Hüllenfarbe gefällt. Der Mensch nennt uns übrigens nur deswegen graue Zellen, weil wir nach dem Tod grau sind. Solange wir leben, sind wir rosa.“

„Ich habe gehört, Du bist schrecklich klug.“

„Ach, woher. Ich alleine kann gar nichts. Nur in Zusammenarbeit mit meinen 100 Milliarden Schwestern, Brüdern, Cousins und Cousinen, da entfalte ich meine Talente“, erklärte Hirni 3.000.701 bescheiden.

„Alleine oder gemeinsam ist doch unwichtig! Entscheidend ist doch nur, dass ihr so viele fantastische Sachen macht: Ihr gebt die Befehle zum Lachen, zum Weinen, für die Atmung, für den Darm, für den Schließmuskel, für die Bewegungen der Knochen und Muskeln ... Eigentlich seid ihr für den ganzen Körper zuständig. Und ich habe außerdem gehört, dass ihr euch alles merken könnt, einfach alles!“

„Ja, ja, wir können uns so viel merken, wie auf zwei Millionen CDs Platz hat.“

„Wow! Und wie macht ihr das?“

„Wir bekommen alles mit, weil jeder von uns ungefähr mit tausend anderen Gehirnzellen Kontakt hält.“

„Aber manchmal vergesst ihr auch was“, provozierte ich Hirni 3.000.701.

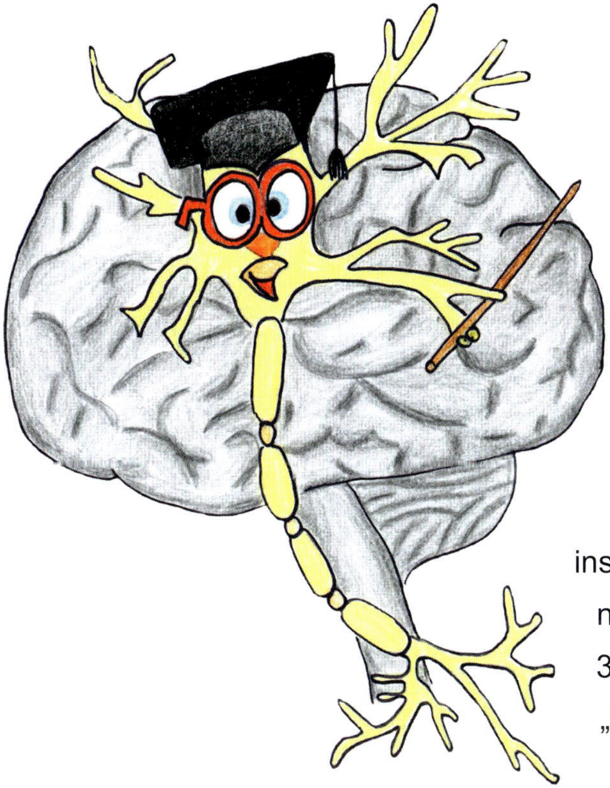

„Nein, das sieht nur so aus. Das Zwischenhirn entscheidet immer, ob eine Information wichtig ist und ins Bewusstsein darf, also zum Großhirn, oder ob die Nachricht im Stammhirn abgelegt wird. Manchmal allerdings ärgert das Zwischenhirn den Menschen. Dann legt es zum Beispiel eine gelernte Matheaufgabe ins Stammhirn ab, und der Mensch kann sich nicht mehr daran erinnern", kicherte Hirni 3.000.701.

„Das ist aber gemein!"

„Ein bisschen Spaß muss sein", konterte Hirni 3.000.701. „Übrigens: Nicht jeder von uns macht alles. Das Kleinhirn ist zuständig für die Bewegung und das Gleichgewicht. Das Großhirn teilt sich auf in verschiedene Lappen, und jeder davon hat eine andere Aufgabe. So ist der Scheitellappen zum Beispiel zuständig für das Rechnen und die Gefühle auf der Haut, der Stirnlappen für das Denken, das Bewusstsein, die Kreativität und das Sprechen, der Schläfenlappen für das Hören, der Hinterlappen für das Sehen und der Hirnstamm für die Atmung und das Schlafen."

„Apropos schlafen: Wann schlaft ihr eigentlich mal?", wollte ich wissen.

„Gehirnzellen dürfen nie schlafen."

„Ehrlich? Krass."

„Aber der Schlaf des Menschen ist für uns sehr wichtig! Denn dann haben wir Zeit, Informationen zu sortieren und Inhalte aus dem Kurzzeitgedächtnis in den Langzeitspeicher zu transportieren.“

„Und wie kommt die Information vom Körper zu euch und wieder zurück?“, forschte ich weiter.

„Dafür gibt es die Nerven. Das ist so eine Art Telefonleitung oder Internetkabel. WLAN gibt es bei uns noch nicht. Die Nerven transportieren jede Sekunde tausend Informationen mit 380 Stundenkilometern zu uns und genauso viele Befehle für den Körper wieder zurück.“

„Das ist ja schneller als das Rennauto von Sebastian Vettel!“, rief ich bewundernd. „Kommt es bei den vielen Informationen nicht mal zu Kollisionen oder zum Verkehrschaos?“

„Ja, da hast du recht“, meinte Hirni 3.000.701. „Damit das nicht passiert, gibt es zwischen den Nerven ganz besondere Nervenzellen, die sogenannten Neuronen. Sie koordinieren den Verkehr, wie Verkehrspolizisten.“

„Aber die Nerven schlafen doch manchmal“, fiel ich Hirni 3.000.701 ins Wort.

„Nein, die Nerven schlafen nicht. Man sagt zwar, dass ein Nerv eingeschlafen ist, wenn er taub wird und kribbelt. Aber in Wirklichkeit schläft er nicht, sondern ist nur eingeklemmt, zum Beispiel von einem Knochen wie dem Musikantenknochen am Ellenbogen.“

„Wenn ihr schon nicht schlaft, esst ihr dann wenigstens?“, fragte ich bewundernd weiter.

„Oh ja. Um so viel Leistung zu bringen, brauchen wir sehr viel Sauerstoff und Zucker. Schon wenige Sekunden ohne Sauerstoff bedeuten für uns den Tod. Kein Organ braucht so viel Sauerstoff wie wir!“

„Dann ist heute ja dein Glückstag. Du bekommst meinen ganzen restlichen

Sauerstoff! Nur ein Notmolekül hebe ich mir noch auf."

„Mmmh, lecker! Dann mache ich heute Nachmittag mit ein paar Freunden eine kleine Sauerstoffparty."

„Eigentlich war der Sauerstoff nur für dich gedacht", bemerkte ich enttäuscht.

„Das ist lieb von dir, aber ich kann nur gut arbeiten, wenn es auch allen anderen Gehirnzellen gut geht."

„Verstehe", sagte ich, beeindruckt von so viel Teamgeist. „Das nächste Mal bringe ich noch mehr Sauerstoff mit. Ihr seid wirklich spitze! Jetzt muss ich aber wieder in die Lunge schwimmen, um Nachschub zu holen."

Auf dem Rückweg nahm ich dann natürlich noch die alte Luft vom Schrankenwärter mit.

Nachschub: zurück zur Lunge

Diesmal war der Weg zur Lunge sehr anstrengend. Dicht bepackt mit Kohlendioxid, alter Luft, kämpfte ich mich nach oben. Ich schnaufte und schniefte und kam mit letzter Kraft am Herzen an. Diesmal machte ich keinen Fehler an der Trikuspidalklappe und gelangte problemlos in die Lunge. Ich war allerdings so fertig, dass ich kaum noch reden konnte: „Ich … brin … ge … Kohlen … dioxid … und … brau … che … drin … gend … Sauerstoff“, hauchte ich mit letzter Kraft.

„Rede nicht, schone dich, ich weiß Bescheid!“, sagte ein freundliches Lungenbläschen. „Ich nehme dir jetzt erst mal das Kohlendioxid ab und atme es über Lunge, Mund und Nase aus. Und mit dem nächsten Atemzug bekommst du wunderbaren neuen Sauerstoff!“

Kurze Zeit danach kam wirklich ein Schwall herrlichsten Sauerstoffes. Vom letzten Mal wusste ich noch, dass man sich dicht an die Wand schmiegen muss, um besonders viel zu bekommen. Ruck, zuck waren alle meine Andockstellen mit Sauerstoff besetzt. Ich fühlte mich super.

„Danke“, rief ich fröhlich, „ihr seid die besten! Jetzt kann ich wieder viele Zellen glücklich machen!“

Rosa: klein und hilflos

Fröhlich trällernd schwamm ich von dannen: „So ein Tag, so wunderschön wie heute, so ein Tag …“

Ich genoss es, mal hierhin und mal dorthin zu schwimmen und meine Freunde zu besuchen.

Aber mit der Zeit wurde es langweilig, und ich sehnte mich nach einer Partnerin an meiner Seite. Lymphina war nicht die Richtige für mich, das war mir inzwischen klar geworden. Sie war eine tolle Freundin, aber keine Frau fürs Leben. Ich wollte was Süßes, Anschmiegsames, Treues, Niedliches haben. Und so schwamm ich einsam durch die Gegend und konnte mich gar nicht mehr richtig freuen. Selbst Plattina und Plattino konnten mich nicht zum Lachen bringen. Ich wurde immer schwermütiger, und eines Tages, als ich wieder einmal durch die Milz schwamm, war es mir fast egal, ob ich stecken bleiben würde oder nicht. Ich hatte keine Lust mehr zu leben.

Während ich dort so in der Schlange stand und darauf wartete, durch die Poren zu schwimmen, fiel mir ein blasses, rotes Blutkörperchenmädchen auf. Einerseits schien sie noch sehr jung zu sein, andererseits machte sie bereits einen alten, fast kranken Eindruck. Ich konnte meine Augen nicht von ihr abwenden, und mein kleines Erythrozytenherz pumperte. Sie hatte so etwas Zartes und Liebreizendes an sich. Ich war wie gebannt. Geblendet von ihrer Schönheit, schloss ich einen Moment die Augen. Da durchschoss mich ein entsetzlicher Gedanke: Was ist, wenn sie nicht durch die Pore kommt? Sie sieht so krank aus! Kaum hatte ich diese Horrorvorstellung, als ich auch schon einen kläglichen Hilfeschrei hörte.

Sie war stecken geblieben! Voller Panik kämpfte ich mich durch die wartenden Blutkörperchen. Das ängstliche Murmeln der anderen nahm ich kaum wahr: „Da ist wieder eine stecken geblieben, die sah noch gar nicht so alt aus, ein Jammer … Ja, ja, jetzt erwischt es immer Jüngere, irgendwann werden wir alle sterben …"

„Macht doch Platz!", herrschte ich die wie erstarrt ausharrenden roten Blutkörperchen an. Die Hilfeschreie wurden immer schwächer.

„Halte durch, ich komme! Ich rette dich!", rief ich.

Endlich hatte ich die Pore erreicht und sah, wie die kleine Erythrozyte hilflos feststeckte.

„Ich hol dich da raus!", rief ich ihr zu. Aber sie reagierte nicht mehr.

„Steht doch nicht so blöde rum!", brüllte ich die vor Angst verstörten roten Blutkörperchen an, „helft mir gefälligst! Ich schwimme jetzt durch die Pore und ziehe! Und ihr drückt von der anderen Seite!"

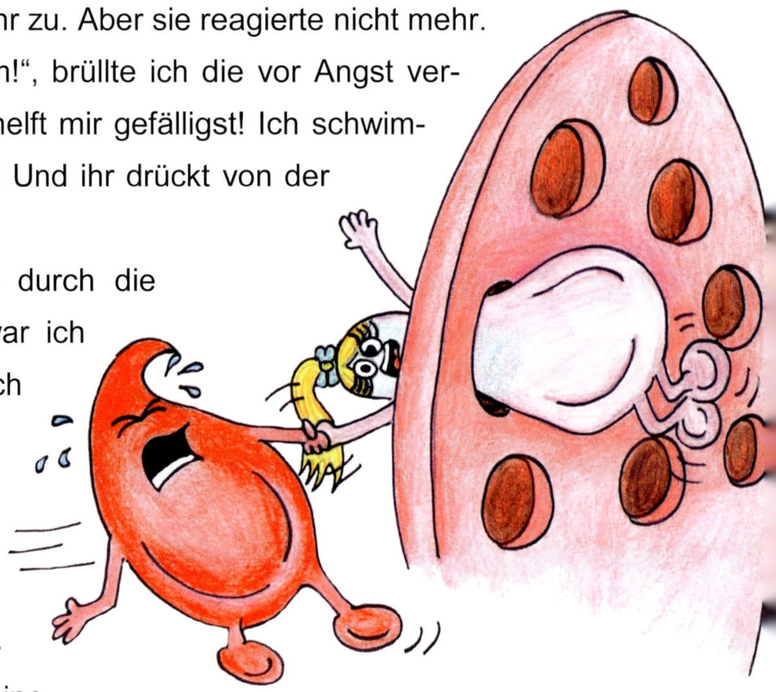

Noch nie war ich so schnell durch die Milzpore geschwommen. Kaum war ich auf der anderen Seite, begann ich auch schon an dem kleinen roten Blutkörperchen zu zerren, und irgendwie hatte ich es auch geschafft, einige der anderen zu motivieren, die nun eifrig von der anderen Seite drückten. Doch der kleine rote Knubbel bewegte sich nicht. Sie war eingeklemmt in der Pore. Die Ersten wollten schon aufgeben: „Es hat doch keinen Sinn … Wir bekommen sie nie aus der Pore raus …“

„Doch!“, tobte ich vor Verzweiflung und Wut. „Wir geben nicht auf! Gemeinsam schaffen wir es! Wir schaffen alles!“, motivierte ich die anderen. Und wirklich machte es plötzlich „Plopp“, und das rote Blutkörperchen war befreit.

Doch, oh Schreck, ihr Körper lag leblos in meinen Armen.

„Wir müssen sie reanimieren“, schrie ich und begann wild ihr kleines Herz zu massieren und sie mit Sauerstoff vollzupumpen.

„Hör auf. Sie ist hin, da ist nichts mehr zu machen. Ich rufe besser schon mal die Fresszellen, damit sie die Reste beseitigen“, murmelte eine neben mir mit Leierstimme.

„Sie ist nicht tot!“, beschwor ich sie verzweifelt und versuchte weiter, sie wiederzubeleben. Doch irgendwie hatten die Fresszellen Wind von dem Ganzen bekommen. Sie erschienen mit einer ganzen Armada.

Furchtlos warf ich mich auf das kleine rote Blutkörperchen, um es vor ihren Knabberattacken zu schützen. Plötzlich hörte ich eine mir bekannte Stimme: „Das ist doch Eros, mein alter Jugendfreund!“

Es war Nimmersatt.

„Bitte, Nimmersatt, ihr dürft sie nicht fressen! Sie lebt doch noch!“, flehte ich sie an. Zum Glück hatte Nimmersatt ein Einsehen und pfiff die Armada zurück.

„Stopp, keiner greift in den nächsten fünf Minuten das rote Blutkörperchen an!“, wandte sie sich an die vor Hunger und Gier sabbernden Fresszellen.

„Danke, Nimmersatt, das vergesse ich dir nie!“, versprach ich und wandte mich wieder dem roten Blutkörperchen zu.

„Bitte, süße, kleine Rosa (so hatte ich sie in Gedanken getauft), „wach wieder auf! Du bist das Süßeste und Goldigste, was ich je gesehen habe! Ich will auch mein ganzes Leben lang auf dich aufpassen!“, flehte ich den kleinen Knubbel an, und dicke Erythrozytentränen liefen meine Wangen herab.

„Du findest mich wirklich goldig?“, fragte plötzlich eine piepsige Stimme unter mir.

„Du lebst, du lebst!“, quietschte ich vor Freude und drückte sie fest an mich.

„Drück sie nicht so fest, sonst ist sie gleich wieder tot!“, riefen die anderen lachend und vor Freude auf und ab hüpfend.

„Hast du mich gerettet?“, fragte Rosa mit großen bewundernden Augen. Spätestens nach einem Blick in ihre Augen war es endgültig um mich geschehen. Da ich immer noch weinte, konnte ich nur nicken.

„Und warum weinst du dann noch immer?“

„Das sind nur Freudentränen. Ich hab dich so lieb.“

„Ich hab dich auch sehr lieb.“

„He, ihr beiden, das entwickelt sich ja langsam zu einem Kitschroman!“, spotteten ein paar Vorlaute. Aber eigentlich waren alle froh über das Happy End.

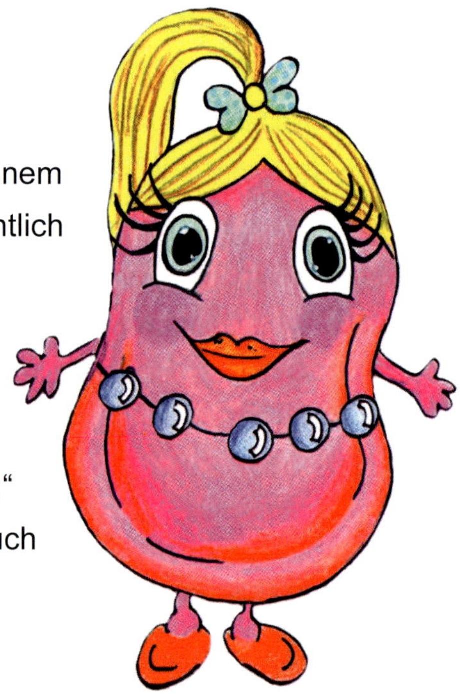

„Warum bist du so blass? Bist du etwa nicht in der Lunge gewesen, zum Sauerstofftanken?“, fragte ich ein bisschen vorwurfsvoll.

„Doch, ich war da. Aber ich habe keinen bekommen.“

„Keinen Sauerstoff?“, staunte ich. „Hast du dich auch ganz dicht an die Wand geschmiegt?“

„Ja, aber es kam nur ganz schlechte Luft. Ich wäre fast in der Lunge erstickt!“

„Das ist ja wohl eine Unverschämtheit! Diese Lungenbläschen kriegen was von mir zu hören, die kommen nicht ungestraft davon!“, echauffierte ich mich. „Wir schwimmen jetzt sofort in die Lunge, und dann kannst du mal erleben, wie ich mit solchen Verrätern umgehe!“

„Ich glaube, den weiten Weg dorthin schaffe ich nicht noch einmal. Dafür bin ich zu schwach. Du musst mich wohl hier zurücklassen“, meinte Rosa traurig.

„Meinst du, ich rette dich, damit ich dich dann gleich wieder im Stich lasse? Wir gehören jetzt zusammen! Ich bin dein Freund!“

„Es ist schön, so einen Freund zu haben“, strahlte Rosa. „Aber wie sollen wir es machen?“

„Erst mal bekommst du von mir meinen ganzen restlichen Sauerstoff. Nur ein Molekül behalte ich für mich. Und dann nehme ich dich huckepack. So erreichen wir die Lunge.“

„Dafür bin ich doch viel zu schwer …“

„Papperlapapp, so ein Fliegengewicht wie du ist für mich ein Leichtes!“, erwiderte ich großspurig.

„Du bist ein Held“, erklärte sie bewundernd.

Ich weiß nicht, was mir diese ungeahnten Kräfte verlieh, die Liebe zu Rosa, das Gefühl, ein Held zu sein, oder meine Wut auf die Lungenbläschen? Jedenfalls erreichte ich trotz zusätzlicher Last und Sauerstoffmangel in nicht mal einer Minute die Lunge. Dort machte ich meinem Ärger sofort Luft.

„Wer ist dafür verantwortlich, dass es Rosa so dreckig geht? Wer von euch hat ihr keinen Sauerstoff gegeben?“

„He, he, jetzt mal langsam. Niemand von uns kann was dafür, dass deine kleine Freundin keinen Sauerstoff bekommen hat“, konterten die Lungenbläschen.

„Wollt ihr mich veräppeln? Ist inzwischen Muzina, die Magenzelle, für den Sauerstoff zuständig?“, fragte ich sarkastisch.

„Nein, jetzt beruhige dich doch mal. Wir werden es dir erklären.“

„Na, da bin ich aber mal gespannt, mit welchen Ausreden ihr kommt.“

„Könnte ich vielleicht ein bisschen Sauerstoff haben, bevor ihr weiterstreitet?“, piepste ein Stimmchen neben mir. Ach du liebe Zeit, Rosa hatte ich in meiner Wut fast vergessen!

„Komm, ich hebe dich an die Lungenwand. Und ihr bringt bitte eine große Portion Sauerstoff! Aber anständigen!“, wandte ich mich an die Lungenbläschen.

„Wird gemacht.“

Schon kam ein Schwall leckeren Sauerstoffs.

„Ach, das tut gut!“, schnurrte Rosa, und ihre Körperfarbe wandelte sich zu einem traumhaft schönen Rot. ‚Jetzt sieht sie noch süßer aus, dachte ich verliebt.

„So, jetzt müsst ihr mir aber erklären, warum Rosa beim letzten Mal keinen Sauerstoff bekommen hat“, forderte ich, schon deutlich versöhnlicher.

„Also, das war so“, erinnerte sich Püsterchen, ein besonders aktives Lungenbläschen. „Vor zwei Tagen, als Rosa hier in die Lunge kam, hatte unser Mensch gerade eine Zigarette geraucht.“

„Zigarette? Was ist denn das?“

„So eine Art Röhrchen mit Tabak, das man anzündet und an dem man dann rumnuckelt. Die Folge: In die Lunge kam statt gutem Sauerstoff nur ekliger Qualm, Rauch, Nikotin und Teer. Reste von diesem elenden Teer sind immer noch tief in uns drin. Alles Husten nützt nichts. Wir bekommen es nicht mehr raus!“

„Warum macht der Mensch so was Bescheuertes? Schmeckt ihm das etwa?“, fragte ich, irritiert über so viel Dummheit.

„Glaube ich nicht. Die Geschmacksknospen haben erzählt, dass es ganz eklig geschmeckt hätte“, wusste ein anderes Lungenbläschen.

„Aber was ist sonst der Grund?“

„Na ja, das Gehirn meint, es ist so eine Angeberei oder Mutprobe gegenüber Freunden gewesen“, wusste Püsterchen.

„Und dafür riskiert der Mensch unser Leben?“, empörte ich mich.

„Ja, Menschen sind manchmal ein bisschen dusselig. Aber zum Glück ist er wieder vernünftig geworden“, beschwichtigte mich Püsterchen. „Die Fresszellen helfen uns übrigens, den restlichen Teer abzubauen“, berichtete Püsterchen weiter. „Ich hoffe, dass wir so wieder ganz clean werden.“

„Entschuldigt bitte, dass ich euch angemeckert habe. Aber ich war wegen Rosa so in Sorge!“

„Ist schon okay. Wir können verstehen, dass dir bei einer so süßen Freundin schon mal die Sicherungen durchbrennen.“

„Nicht wahr, sie ist das entzückendste Wesen auf der ganzen Welt?“, schwärmte ich verliebt. „Ja, ja“, lachten die Lungenbläschen verständnisvoll. „Dann schwimmt mal los, ihr beiden Turteltäubchen!“

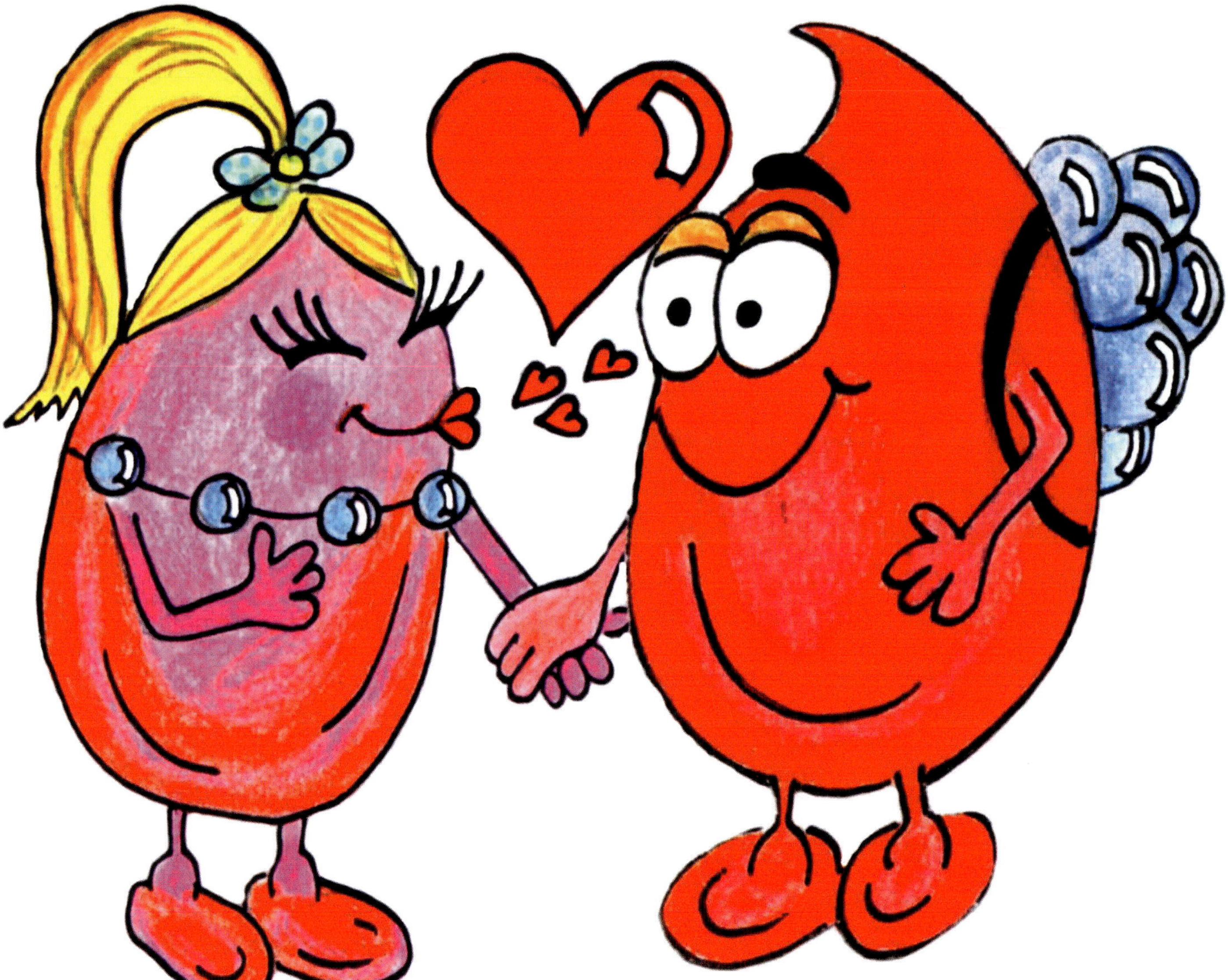

Gemeinsam durch den Körper

Schon allein hatte es Spaß gemacht, durch den Körper zu schwimmen, aber zu zweit war es tausendmal schöner.

Wir zischten durch alle Blutbahnen, hin und her, rauf und runter, und ich stellte Rosa allen meinen Freunden vor. Manche Stellen ersparte ich ihr allerdings, denn erstens war Rosa ein bisschen faul und hatte keine Lust, durch alle 150.000 Kilometer Blutbahnen zu schwimmen. Und zweitens wollte ich auch nicht, dass sie sich Gefahren wie dem Mund, dem Magen oder gar dem Gestank des Darms aussetzen musste. Das ist doch eher was für echte Kerle, nichts für zarte Mädchen, beschloss ich. Da Rosa jedoch sehr neugierig war, erzählte ich ihr viel von meinen Abenteuern. Wahrscheinlich, weil sie ein bisschen verfressen ist, fand sie den Weg der Nahrung besonders interessant. Diese Geschichte musste ich ihr immer und immer wieder erzählen: „Wenn der Mensch einen Apfel isst, der besonders gesund ist und wichtige Nährstoffe enthält, beißt er zunächst mit den Zähnen, das sind so weiße Berge im Mund, ein Stück ab. Danach zerkleinern andere Zähne, sogenannte Backenzähne, den Apfel. Die Zähne sehen harmlos aus, aber sie haben eine wahnsinnige Kraft. Die Zunge vermischt dann das Ganze mit Speichel und macht einen Brei daraus. Dabei muss man sich aber an den Geschmacksknospen, zum Beispiel an Bitteri, ganz doll festhalten, sonst wird man von der Zunge heruntergeschleudert und aus dir wird auch Apfelbrei bzw. Erythrozytenbrei. Danach rutscht der Brei durch eine rasante Wasserrutsche, die Speiseröhre, in den Magen. Die Speiseröhre ist aber keine glatte Wasserrutsche, sondern sie macht wilde La-Ola-Wellen, die man Peristaltik nennt, damit der Brei portionsweise im Magen ankommt. Dieser rührt wie eine Betonmischmaschine den Apfelbrei. Mit Hilfe der Magensäure macht er daraus Apfelmus. Die Magensäure ist nur etwas für Hartgesottene. Sie ist so sauer, dass sie alles abtötet, gefährliche Bakterien haben hier keine Chance! Mucina, eine besonders liebe Zelle, produziert inzwischen eine fantastische Lotion, die alle anderen Zellen vor der Magensäure schützt. Im Dünndarm kommen weitere Verdauungssäfte hinzu, aus der Galle und der Bauchspeicheldrüse. Die wirken wie ein Spülmittel und lösen die Fette auf. Bei Apfelmus sind die aber nicht so wichtig, denn der Apfel enthält kein Fett. Mithilfe von weiteren guten Bakterien ist der Apfel inzwischen ein flüssiger Smoothie geworden. Und während er die tolle Loopingbahn, den Dünndarm, runterrutscht, wird ihm alles Brauchbare wie Zucker, Vitamine und Nährstoffe entzogen und zurück ins Blut transportiert. Denn der Mensch isst ja den Apfel, um satt zu werden."

„Warst du auch selbst im Darm?", fragte Rosa, während sie an meinen Lippen hing.

„Ja, das hat Spaß gemacht! Aber es war auch gefährlich. Deswegen wurde ich auch ganz dick mit Schleim überzogen. Nach dem Dünndarm kommt man in den Dickdarm. Dort wird noch das Wasser entzogen und die Bakterien machen aus dem leckeren Rest-Smoothie feste, stinkende … nun ja, Scheiße."

„Wie redest du denn? So kenne ich dich ja gar nicht!"

„Ist halt so. Das ist die Realität im Menschen. Und dabei entstehen wirklich grauenvolle, übel stinkende Gase! Sei froh, dass du dort nicht dabei warst. Am Ende des Dickdarms, einer letzten tolle Abschlussrutsche, kommen zwei Schließmuskeln. Das musst du dir vorstellen wie eine Schleuse. Der erste, der innere, ist der Freund des Körpers. Immer, wenn da stinkende Luft oder Müll ankommt, öffnet er sich und lässt eine kleine Portion in den Zwischenraum zwischen sich und dem äußeren Schließmuskel. Der zweite Schließmuskel ist aber so ein kleiner Schleimer, der es außen jedem recht machen will. Deswegen fragt er immer erst mal beim Gehirn nach, ob es okay ist, wenn er sich jetzt öffnet. Wenn das Gehirn dann sagt: Geht gerade nicht, die Augen haben gemeldet, der Mensch sitzt gerade bei Oma an der Kaffeetafel, gehorcht er sofort und schließt sich noch fester. Er ist dem Superorgan so hörig, dass es oft, wenn das Nein vom Gehirn zu lange dauert, im Darm zwickt. Manchmal allerdings ist der Gasdruck so groß, dass der äußere Schließmuskel es nicht verhindern kann, dass auch in feierlichsten Momenten plötzlich mit lautem Getöse ein stinkender Pupser in die Freiheit entweicht", erzählte ich grinsend weiter, während Rosa mich wie gebannt anschaute.

Ich genoss ihre bewundernden Blicke, während ich ihr meine Erlebnisse schilderte. So verlebten wir eine wunderbare verliebte Zeit. Bis eines Tages die Zellen anfingen, immer schlechter gelaunt zu werden.

Alles wird anders

Keiner hatte mehr Zeit für einen Plausch. Alle waren nur noch mürrisch und arbeiteten verbissen. Auch sonst war das Leben nicht mehr schön. Unsere Straßen, die Gefäße, wurden immer enger. Am Rand klebten scharfe Brocken, und beim Schwimmen musste man aufpassen, nicht von Müll getroffen zu werden. Auch der Sauerstoff war knapp geworden. Es gab ihn jetzt nur noch auf Anfrage und streng limitiert. Besonders Rosa, die von Geburt an ja nicht so kräftig war, litt unter dem neuen Mangel. Es ging ihr von Tag zu Tag schlechter.

Irgendwann hatte ich die Faxen dicke und schwamm mit Rosa einfach rauf zum Gehirn, um mich bei dem Superorgan zu beschweren. Auf dem Weg dorthin erzählte ich Rosa von dem Schrankenwärter.

„Der Schrankenwärter ist in punkto Sauberkeit sehr pingelig, Rosalein. Auch ich durfte erst nach einer langen Reinigungsprozedur durch. Deswegen wartest du besser draußen", meinte ich großspurig, während wir den weiten Weg zum Gehirn schwammen.

„Aber ich bin doch immer ganz sauber", protestierte Rosa. „Oder gefalle ich dir nicht mehr?"

„Doch, natürlich. Du bist das süßeste rote Blutkörperchenmädchen, das ich kenne. Aber der Schrankenwärter besteht trotzdem auf einer Waschung, du wirst sehen! Und das Reinigungsprozedere ist so brutal, dass nur besonders Hartgesottene wie ich es überhaupt überleben können." Ich war drauf und dran, Rosa weitere Vorzüge von mir zu erzählen, als ich von weitem den Schrankenwärter sah.

„Hallo, wie geht es dir? Ich muss mal wieder dringend ins Gehirn. Aber diesmal bringe ich Rosa mit, meine Freundin. Wenn du aber meinst, dass sie draußen warten muss, ist es auch okay!“, sprudelte es vor lauter Wiedersehensfreude, aber auch ein bisschen vor Schiss vor der nun folgenden Waschung aus mir heraus.

Doch der Schrankenwärter schien mich gar nicht zu hören. Wahrscheinlich waren wir noch zu weit weg. Als wir endlich oben angekommen waren, versuchte ich es noch einmal.

„Guten Tag, Herr Schrankenwärter!“, grüßte ich respektvoll, um ihn milde zu stimmen. Aber irgendwie war er komisch drauf.

„Hallöchen“, lallte er uns entgegen, während er uns mit glasigen Augen angrinste. „Hereinspaziert, heute ist Tag der offenen Tür, hicks!“

„Aber wir müssen uns doch erst waschen?“

„Quatsch, hicks, Hygiene wird total ü-ü-überbewertet.“

„Das soll der strenge Schrankenwärter sein?“, fragte Rosa erstaunt. „Den habe ich mir ganz anders vorgestellt.“

„Ich weiß nicht. Irgendwas stimmt hier nicht“, antwortete ich irritiert.

„He, ihr vier Süßen, warum wollt ihr denn ins Gehirn? Hier ist es doch viel lustiger. Und es gibt auch was zu trinken“, stammelte er.

„Wieso vier? Ich sehe nur Rosa und mich. Bist du krank? Oder hast du was mit den Augen?“

„Mir geht´s prima, hicks. Ich sehe euch vier völlig klar“, kam es undeutlich aus seinem Mund.

„Komm, Rosalein, lass uns schnell weiterschwimmen. Irgendwas stimmt mit ihm nicht!“

Verstört schwammen wir weiter ins Gehirn.

Doch auch hier war einiges seltsam. Viele Gehirnzellen schliefen, andere machten Blödsinn oder kicherten albern rum. Endlich fanden wir Hirni 3.000.701. Sie war gerade verzweifelt dabei, eine tief und fest schlafende

Gehirnzelle wachzurütteln.

„Hallo, Hirni 3.000.701! Was ist denn los bei euch? Warum macht ihr eure Aufgaben nicht mehr richtig?“

Kaum hatte ich den Satz ausgesprochen, als ihr auch schon die Tränen in die Augen schossen und sie bitterlich zu weinen begann. Erschrocken über den Tränenausbruch nahm ich sie in den Arm und Rosa streichelte sie liebevoll. Doch Hirni 3.000.701 konnte nicht aufhören zu weinen. Es zerriss mir das Herz zu sehen, wie verzweifelt meine kluge Freundin war.

„Weine doch nicht! So schlimm ist alles bestimmt nicht“, versuchte ich sie zu beruhigen. Endlich nahm der Tränenfluss ab, und schluchzend klagte Hirni 3.000.701 uns ihr Leid: „Der Mensch macht nur noch furchtbare Sachen, er spinnt total! Alles geht drunter und drüber. Jetzt hat er auch noch angefangen, Alkohol zu trinken! Und der Schrankenwächter lässt alles, auch den Alkohol, ungehindert zu uns durch!“

„Ja, das haben wir gesehen“, stimmte ich Hirni 3.000.701 zu, und Rosa nickte eifrig.

„Millionen von Gehirnzellen hat das Teufelszeug schon verrückt gemacht, und Tausende von uns sind getötet worden. Und wie du weißt, können wir keine neuen Gehirnzellen bilden“, berichtete sie stockend weiter.

Angst schnürte mir die Kehle zu. Wenn das Superorgan kaputtging, wäre das unser aller Ende! „Auch den anderen Zellen geht es schlecht“, erzählte ich mit gebrochener Stimme, als ich merkte, wie auch Hirni 3.000.701 die Sinne schwanden.

„So tu doch was!“, kreischte Rosa verzweifelt und schmiegte sich zitternd an mich. „Ja, du bist der Einzige, der uns retten kann!“, hauchte Hirni

3.000.701 mit letzter Kraft.

So viel weibliche Verzweiflung lockte natürlich meinen männlichen Beschützerinstinkt hervor. Mein Erythrozytengehirn arbeitete auf Hochtouren. Endlich hatte ich eine Idee. ‚Ja, so könnte es klappen', dachte ich und wandte mich an Rosa: „Ich werde Hilfe holen! Wir treffen uns in drei Tagen in der rechten Leiste im zweiten Lymphknoten von oben."

„Bitte, lass mich nicht allein!", wimmerte Rosa und klammerte sich an mich. Fast wäre ich schwach geworden und bei ihr geblieben, doch dann wären wir alle gestorben. Zum Glück siegte der Verstand über die Liebe. Betont souverän sagte ich: „Rosalein, du musst jetzt sehr stark sein. Du musst Hirni 3.000.701 allein in den Lymphknoten bringen. Pass gut auf sie auf!"

„Und wo gehst du hin?"

„Ich habe einen Plan. Einen sehr guten Plan. Aber dafür brauche ich Lymphina."

Mein Optimismus schien Rosa anzustecken. Tapfer nickte sie mit dem Kopf.

„Rosalein, schaffst du das?"

„Mach dir um uns keine Sorgen. Ich bringe Hirni 3.000.701 sicher zum Lymphknoten. Wir sehen uns in drei Tagen."

Gerührt über so viel Mut drückte ich Rosa noch einmal ganz fest und schwamm dann schnell davon, damit sie meine Tränen nicht bemerkte.

Die Konferenz: rettet den Menschen

Es dauerte ein paar lange Gefäßkilometer, bis ich Lymphina endlich gefunden hatte. Durch ihr Pflichtbewusstsein begriff sie sogleich, dass ich in einer dringenden Mission unterwegs war und keine Zeit für langes Begrüßungsgeplänkel hatte.

„Was kann ich für dich tun?", fragte sie ohne Umschweife.

In kurzen Sätzen erzählte ich ihr, wie gestresst alle Zellen waren und erwähnte natürlich auch die katastrophale Situation der Gehirnzellen.

Lymphina war erschüttert. „Das ist ja schrecklich! Was können wir nur tun?"

„Nun ja, ich habe schon einen Plan", vertraute ich ihr an. „Wir berufen eine Konferenz ein, eine Konferenz zur Rettung des Körpers. Und da natürlich nicht alle Zellen kommen können (alle Körperzellen hintereinander würden eine Strecke fünfmal zum Mond und zurück bilden!), schickt jede Zellart einen Vertreter."

„Eine tolle Idee", rief Lymphina begeistert, „und als Konferenzsaal nehmen wir einen Lymphknoten. Den kann man wunderbar auf jede beliebige Größe verbreitern."

„He, kannst du Gedanken lesen? Genau die gleiche Idee hatte ich auch! Ich dachte dabei übrigens an den zweiten Lymphknoten der rechten Leiste."

„Super, man merkt doch, dass wir in den gleichen Kindergarten gegangen sind. Das Benachrichtigen der Zellen übernehme ich. Ich werde einen tollen Lockstoff produzieren, dem niemand widerstehen kann", fuhr Lymphina fort, angesteckt von meiner Begeisterung.

Lymphinas Lockstoff war dann auch wirklich so berauschend, dass sich von jeder Zellenart eine auf den Weg machte. Selbst Zellen, die noch nie aus ihrem Verband weggekommen waren, kämpften sich tapfer durch die Gefäße zur rechten Leiste. Bei aller Wiedersehensfreude war ich fassungslos, zu sehen, wie meine Freunde sich verändert hatten: Sommersprossi war ganz dunkel geworden, fast schwarz, Drüsinchen, Eiweiß-Lappi und Beta sahen müde und erschöpft aus, und Schnüffelchen war depressiv geworden und wollte gar nicht mehr mit mir sprechen. Bizeps war total dünn geworden, und Bowmanni sah heillos vertrocknet aus. Ich überlegte gerade noch, welche Zelle am schlimmsten aussah, als meine mütterliche Freundin Mucina um die Ecke kam. Eilig schwamm ich ihr entgegen. Doch erschrocken hielt ich auf halber Strecke inne: Mucina hatte ihre mütterliche Kraft verloren. Sie war eine erschöpfte, alte Zelle geworden. Liebevoll nahm ich sie in den Arm.

„Mucina, was ist mit dir? Bist du krank?"

„Hallo, Eros, wie schön, dich zu sehen. Mach dir keine Sorgen, ich bin nicht krank. Nur wahnsinnig erschöpft."

„Sprich nicht weiter, ruh dich erst mal aus", beschwor ich Mucina, denn ich merkte, wie schwer ihr jedes Wort fiel. Schnell suchte ich eine gemütliche Ecke für sie und gab ihr zwei Sauerstoffmoleküle. Langsam wurde der Lymphknoten voller und dicker. Vor lauter Stimmengewirr konnte man sein eigenes Wort kaum mehr verstehen. Alle waren wütend und aufgeregt.

„Warum tut der Mensch uns das an? Viele meiner Freunde sind schon tot! Man müsste den Menschen verklagen! Wir waren immer für ihn da, und jetzt das!“

„Ruhe, Ruhe!“ Die bekannte Stimme Lymphinas versuchte Ordnung ins Chaos zu bringen. Doch die Zellen waren so aufgebracht, dass sie ihr gar nicht richtig zuhörten.

„Ruhe!“ Lymphinas ohnehin schon markante Stimme war noch lauter geworden. „Wenn ihr nicht sofort still seid, hetze ich Nimmersatt und ihre Truppe auf euch!“

Plötzlich wurde es mucksmäuschenstill. Außer dem ängstlichen Atmen einiger Zellen hörte man nichts mehr. Wenn Bifi und Klebsiella jetzt gefurzt hätten, hätte es in der Stille wie ein Donnergrollen geklungen.

„Okay“, ergriff Lymphina wieder das Wort, „zunächst mal für das Protokoll: Sind alle da?“

„Ja, ja!“, schallte es von allen Seiten.

„Nein“, brüllte ich plötzlich, und dabei lief es mir eiskalt über den Rücken, „Rosa und Hirni 3.000.701 sind noch nicht da!“

Panik stieg in mir empor. Wie hatte ich bei aller Wiedersehensfreude die beiden nur vergessen können? Ich hätte Rosa nie allein lassen dürfen, schoss es mir voller Verzweiflung durch den Kopf. Ich hatte doch gesehen, in welch desolatem Zustand Hirni 3.000.701 war. Das konnte Rosa allein nie schaffen. Ich war so voller Panik, Schuldgefühle und Angst, dass ich gar nicht bemerkte, wie die anderen auf zwei kleine Punkte am Ende des Gefäßes deuteten. Erst als Steigbügel mich schüttelte und mir ins Ohr brüllte: „Schau doch, da kommen sie!“, sah auch ich sie endlich.

Da war sie wieder, meine kleine Rosa. Und wie stolz sie strahlte, während sie Hirni 3.000.701 tapfer huckepack trug! Schnell schwamm ich zu den beiden, und vor lauter Wiedersehensfreude hätte ich Rosa fast erdrückt.

„So, dann können wir ja endlich beginnen“, setzte Lymphina erneut an, als plötzlich ein grauenvoller Gesang ertönte und langsam immer lauter wurde: „Ja, ja, jetzt wird wieder in die Hände gespuckt, wir steigern das Bruttosozialprodukt, ja, ja, jetzt wird wieder in die Hände gespuckt, wir steigern das Bruttosozialprodukt ...“ Faulchen, die Gallenmuskelzelle, bog schrecklich falsch singend um die Ecke.

„He, was guckt ihr so miesepetrig? Hat es euch das Blut verhagelt?“

„Wie kann man an solch schlechten Tagen nur so gutgelaunt sei?“, murrten die anderen Zellen.

„Wieso schlechte Tage? Die letzten Tage waren fantastisch! Der Mensch hat endlich aufgehört, das langweilige gesunde Zeug zu essen und vertilgt jetzt nur noch fette, ungesunde Sachen. Endlich habe ich was zu tun! Mein Leben ist nicht mehr so langweilig!“

„Buh, wie kann man nur so egoistisch sein? Du elender Verräter“, schallte es ihm entgegen, und ein Tumult drohte zu entstehen.

Zum Glück ergriff wieder Lymphina in ihrer gewohnt ruhigen Art das Wort. „Da nun endlich alle eingetroffen sind, möchte ich den ersten Internationalen Kongress zur Rettung des Körpers hiermit eröffnen. Punkt 1: Berichte zur Lage. Die Redner tragen sich bitte in die ausliegende Liste ein.“

Es war faszinierend zu sehen, welche Autorität meine kleine Jugendfreundin Lymphina ausstrahlte. Schon nach kurzer Zeit hatten sich alle Redner eingetragen, und Lymphina rief sie nacheinander auf.

Püsterchen war als Erster dran und berichtete atemlos mit krächzender Stimme: „Der Mensch raucht und raucht. Immer mehr Teer und andere giftige Substanzen kommen in die Bronchien, hust, räusper, hust! Entschuldigt bitte meine krächzende Stimme, aber wir sind schon ganz verklebt, und der Sauerstoff wird immer, hust, hhmm, weniger. Die roten Blutkörperchen beschweren sich dauernd bei uns.“

„Stimmt“, fielen Rosa und ich Püsterchen zustimmend ins Wort.

Als Nächstes kam Bizeps zu Wort. „Wir Muskelzellen sind schon ganz dünn und schlapp geworden, weil der Mensch nur noch vor dem Fernseher und dem Computer sitzt.“

„Ja, so geht es uns auch!“, riefen die Herzmuskelzellen im Chor, die natürlich zu diesem Kongress nicht allein gekommen waren.

„Der Mensch isst nur noch Fettes und Süßes! Ich habe gar nichts mehr zu tun“, beklagte sich Bitteri.

„Und dieses fette und süße Essen regt die Magensaftproduktion so sehr an, dass ich Tag und Nacht nur noch am Einbalsamieren bin, damit die Magenschleimhaut nicht völlig kaputtgeht“, erklang die erschöpfte Stimme Mucinas.

„Ich finde das fette Essen super!“, fiel Faulchen Mucina ins Wort. Doch ein einheitliches „Psst!“ ließ ihn wieder verstummen.

„Mensch, Faulchen, du hast überhaupt keine Ahnung! Weißt du, wie anstrengend es ist, diese ganzen Giftstoffe wieder abzubauen? Wir machen überhaupt keine Pause mehr!“, erboste sich Gift-Lappi.

„Und erst der ganze Zucker, den wir abbauen müssen!“, klagte Beta aufgebracht.

„Im Ohr sind schon viele Härchen abgestorben, weil der Mensch ständig extrem laute Musik hört“, wusste Steigbügel zu berichten.

„Und glaubt ihr etwa, ich habe diese tiefschwarze Farbe aus modischen Gründen? Wenn der Mensch nicht vor dem Computer hockt, brät er in der Sonne!“, schilderte Sommersprossi wütend.

„Ja, und wir müssen die ganzen Krebszellen in der Haut wieder abbauen!“, ergriff Lymphina wieder das Wort und schloss mit der Bemerkung: „Ich denke, wir haben genug gehört. Wir können jetzt zur Abstimmung kommen.“

„Einen Moment noch!“

Erstaunt blickte ich hoch. Es war meine kleine schüchterne Rosa, die das Wort ergriffen hatte. „Ich denke, erzählen kann man viel. Aber wenn man das hier sieht …“ Damit schob sie eine vollkommen apathische Zelle nach vorne.

„Wer ist dieser Zellklumpen? Kennt ihr sie? Das ist wahrscheinlich eine ganz unwichtige Zelle“, murmelten die anderen, erschüttert über den Anblick.

„Irrtum, Freunde! Das ist Hirni 3.000.701, eine der wichtigsten Zellen überhaupt! Und ihr geht es im Vergleich zu den vielen anderen toten Gehirnzellen noch gut. Ihr wisst, was uns allen passiert, wenn das Superorgan stirbt!“

Ein Schauer lief durch die Reihen. Ich war mächtig stolz auf meine Rosa. Sie hatte mit ihren einfachen Worten auch den letzten Skeptiker überzeugt.

„Gut.“ Lymphina, die ebenfalls erschüttert war, ergriff wieder das Wort. „Ich gehe davon aus, wir sind uns alle einig. Das Verhalten des Menschen muss gestoppt werden! Sofort! Oder ist jemand anderer Meinung?“

Sofort blicken alle Augen gespannt auf Faulchen. Doch er schüttelte nur seinen Zellkörper.

„Okay, dann lasst uns jetzt gemeinsam überlegen, was wir tun können."

„Gegen den übermächtigen Menschen können wir gar nichts machen! Wir sind doch nur winzige Zellen! Was sollen wir schon ausrichten?", klang es resigniert von allen Seiten.

„Vielleicht können wir den Menschen ärgern", schlug Schnüffelchen vor.

„Nutzt gar nix", rief Sommersprossi, „wir haben einmal einen ganz argen Sonnenbrand gemacht, aber nichts hat sich geändert. Im Gegenteil, der Mensch ist danach noch öfters auf die Sonnenbank gegangen. Unverbesserlich!"

„Ich habe einmal nicht alles einbalsamiert, und der Mensch hat eine sehr schmerzhafte Magenschleimhautentzündung bekommen. Aber denkt ihr, er hat darauf seine Ernährung geändert? Pustekuchen! Er nimmt jetzt immer eine Tablette, die die säureproduzierenden Zellen einfach lahmlegt!"

Alle Zellen nickten zustimmend. Anscheinend hatten sie alle schon solche oder ähnliche Situationen erlebt. Eine große Depression breitete sich unter den Zellen aus, und während sich die Älteren ihrem Schicksal still ergaben, begannen die Jüngeren leise zu wimmern. Die ersten traten schon den Heimweg an, als mir plötzlich eine Idee kam.

„Halt, stopp!" Meine Stimme überschlug sich fast vor Aufregung. „Ich weiß, wie wir es machen können." Die Begeisterung in meiner Stimme steckte die anderen an, und alle schauten erwartungsvoll auf mich.

„Habt ihr eigentlich schon bemerkt, welche weltweit einmalige Konferenz das hier ist? Zellen, die sich spinnefeind sind wie Drüsinchen und Beta, sprechen plötzlich miteinander. Zellen, die sich nicht bewegen können, wie Sommersprossi, haben den weiten Weg hierher geschafft. Wahnsinnig hungrige Fresszellen wie Lymphinas Schwester Nimmersatt sitzen friedlich neben alten Zellen. Kleine, scheinbar unbedeutende Zellen wie Schnüffelchen oder Bitteri sind plötzlich ebenso wichtig wie eine Herzmuskelzelle. Und die kleine Rosa wächst plötzlich über sich hinaus und kann eine Gehirnzelle schleppen."

„Ja, stimmt, das ist wirklich einmalig. Aber was soll uns das im Kampf gegen den Menschen nutzen?", wandten die anderen Zellen ein.

„Das ist doch klar!", meinte Lymphina, die mich natürlich viel zu gut kannte und zu clever war, um meinen Gedankengang nicht sofort zu durchschauen. „Was Eros sagen will, ist: Allein sind wir vielleicht klein und schwach. Aber gemeinsam, wenn wir alle zusammenhalten, sind wir stark. Dann können wir alles schaffen!"

Einen Moment lang war ich sauer, weil Lymphina meine Idee geklaut hatte. Aber schnell siegte das Wirgefühl, und ich freute mich darauf, dem Menschen eine Lektion zu erteilen.

Alle waren nun Feuer und Flamme.

„Ich möchte nun jeden von euch bitten, einen Vorschlag einzureichen, wie wir den Menschen zur Vernunft bringen können. Wir beginnen von oben nach unten." Lymphina war wieder in ihrem Element.

Hirni 3.000.701, die langsam wieder aus ihrem Koma erwacht war, begann: „Wir Gehirnzellen werden dafür sorgen, dass der Mensch wichtige Sachen vergisst. So wird er zum Beispiel seinen Schlüssel nicht mehr wiederfinden."

Gucki: „Wir werden einen ewigen Wasserfall machen. Seine Augen werden immer tränen!"

Schnüffelchen: „Wir werden alle schönen Gerüche in eklige verwandeln!“

Steigbügel: „Wir werden den Menschen mit einem fiesen Dauerton nerven, einem sogenannten Tinnitus!“

Zäpfchen: „Ich werde mich selbst kitzeln, damit der Mensch sich dauernd räuspern muss!“

Bitteri: „Wir werden Zahnlochus und Zahnaua, zwei besonders gemeine Bakterien, engagieren, damit sie tiefe, schmerzhafte Löcher in die Zähne bohren!“

Sommersprossi: „Wir werden nicht nur einen wunderbaren Sonnenbrand machen, sondern die Haut wird auch ganz trocken werden!“

Herzzellen: „Was wir tun werden, hat Eros schon mal erlebt: Wir schlagen unregelmäßig und machen wunderbare Herzrhythmusstörungen!“

Püsterchen: „Wir werden einen trockenen, rauen Husten verursachen!“

Langsam kamen die Zellen in Fahrt, die Ideen überschlugen sich.

„Wir werden keine Gallenflüssigkeit mehr bilden!“, rief Gallen-Lappi.

„Prima, dann kann ich endlich wieder schlafen!“, grunzte Faulchen.

„Ich werde nur noch ganz wenig Schleim produzieren. Dann entsteht eine sehr schmerzhafte Entzündung!“, erklärte Mucina.

„Und wir werden das machen, was wir am besten können – furzen!“, riefen Bifi und Klebsiella begeistert.

„Aber bitte nicht jetzt schon!“, stöhnten alle entsetzt.

„Entschuldigung, das ist vor Aufregung passiert“, murmelte Bifi schuldbewusst.

Drüsinchen: „Ich werde den Zuckerspiegel so weit runterfahren, dass der Mensch nur noch müde und zittrig ist!“

„Ich werde nur noch tröpfchenweise Urin produzieren, damit der Mensch dauernd auf die Toilette muss!“, posaunte Bowmanni.

„Wir werden auch im Körper zusammenkleben, nicht nur in einer Wunde. Dann bekommt der Mensch eine schmerzhafte Thrombose!“, fielen Plattina und Plattino ein.

„Und meine Truppe und ich, wir werden ein paar richtig eklige Viren einfach übersehen, damit der Mensch eine fette Grippe bekommt“, brachte sich Lymphina endlich wieder ins Gespräch ein.

Plötzlich stupste mich etwas von der Seite an. Ich hatte so begeistert zugehört, dass ich gar nicht bemerkt hatte, dass Rosa immer stiller und blasser wurde. „Wenn du willst, kannst du wieder mit Lymphina zusammen sein.“

„Wie kommst du auf diese blödsinnige Idee?“, fragte ich Rosa erstaunt.

„Alle haben so tolle Ideen, was sie machen können. Nur mir fällt nichts ein“, antwortete Rosa mit tränenerstickter Stimme. „Ich bin zu nichts nutze.“

„Aber Rosalein, so was darfst du noch nicht mal denken. Wir haben sogar eine sehr wichtige Aufgabe: Wir müssen nämlich alle Zellen mit Sauerstoff versorgen, damit sie diese schwierige Mission überhaupt durchstehen. Und außerdem will ich nur dich als Freundin. Für mich bist du die Allergrößte.“ Liebevoll nahm ich sie in die Arme, und die anderen Zellen applaudierten.

„So, jetzt aber an die Arbeit!“, ergriff Lymphina wieder das Wort. „Schwimmt alle nach Hause! Und genau in 24 Stunden beginnt das Projekt: *Rettet den Menschen*!“

Ich sah, dass sie mich und Rosa beobachtete und glaubte kurz, so etwas wie Eifersucht in ihren Augen zu entdecken. Aber das war bestimmt nur Einbildung. Schließlich war Lymphina die Größte. Kaum hatte Lymphina ihren letzten Satz beendet, als die Zellen auch schon aufgeregt in alle Himmelsrichtungen abzischten, um die anderen zu informieren.

Rosa und ich versorgten inzwischen alle mit Sauerstoff, damit sie für das Großprojekt gestärkt waren.

Endlich war der große Moment gekommen. Mit Hilfe eines geheimen Kommunikationssystems begannen alle Zellen gleichzeitig mit ihrem geplanten Schabernack: Der Mensch weinte, hustete, er hatte Zahn- und Bauchschmerzen, in seinen Ohren klang ein widerwärtiger Pfeifton, und er furzte und musste dauernd Pipi machen.

Doch sein Verhalten änderte er nicht.

Resigniert trafen wir uns wieder in unserem Lymphknoten. „Seht ihr, ich habe es doch gleich gewusst, es hat alles keinen Sinn…“ „Wir können machen, was wir wollen, der Mensch wird sich nie ändern…“ „Wir haben wirklich alles versucht…“ „Der Mensch macht, was er will. Wir sind ihm vollkommen egal…“ „Wir werden alle sterben…“, jammerten alle Zellen frustriert.

„He, Freunde, so schnell geben wir doch nicht auf“, versuchte Rosa und ich die anderen Zellen zu motivieren. Doch die andern Zellen waren zu ausgepowert. „Macht alleine weiter, wir können nicht mehr.“

„Ich glaube, ich spinne, hier wird nicht aufgegeben!“, erklang darauf Lymphinas wütende Stimme. „Wir haben nicht das Recht, aufzugeben. Denkt an die ganzen Babyzellen. Wir sind nicht nur für uns verantwortlich, sondern auch für die nächste Generation. Reißt euch verdammt noch mal zusammen.“ Dankbar schauten Rosa und ich Lymphina an und ich sah ihr an, dass sie bei ihrer leidenschaftlichen Rede an die kleinen Erys und Lymphinas im rechten Oberschenkelknochen dachte. Doch auch die anderen Zellen hatten anscheinend so eine kreischende und kichernde Verwandtschaft, denn plötzlich kam wieder Leben in die müde Truppe.

„Du hast Recht Lymphina, wir müssen an unsere Kinder und Enkelkinder denken.“

„Was schlägst du vor?“, wandte ich mich hoffnungsvoll an Lymphina.

„Wir müssen unsere Aktionen noch besser koordinieren. Bis jetzt haben wir alles gleichzeitig gemacht. Die Folge: Der Mensch hat sich ins Bett gelegt und hat einfach unsere Attacke abgewartet. Wenn wir jedoch unsere Gemeinheiten nacheinander starten, kommt er überhaupt nicht mehr zu Ruhe. Wichtig dabei ist, dass die Sinnesorgane die Reaktion des Menschen immer an das Gehirn melden und du, damit wandte sie sich an Hirni 3.000.701, gibst immer den Befehl für den Beginn des nächsten Schabernacks.“ Die anderen Zellen nickten begeistert über diesen neuen Plan.

„Jetzt kommt mal noch ein bisschen dichter zusammen, damit der Mensch unseren Plan nicht hört.“ Ganz eng drängten sich alle Zellen um Lymphina und man hörte ein eifriges Getuschel. Dann schwammen alle Zellen zu ihrem Einsatzort. Rosa und ich hatten die Aufgabe den Sauerstoff immer im richtigen Moment zu den Zellen zu bringen. Um Mitternacht sollte alles beginnen.

Punkt 00.00 Uhr zogen sich alle Wadenmuskeln zusammen. „Der Mensch hüpft auf einem Bein durchs Schlafzimmer", berichtet Gucki. Nach 30 Minuten stoppte Hirni 3.000.701 die Aktion. „Der Mensch hat sich wieder ins Bett gelegt", berichtete kurz darauf die Haut. „Gut, Achtung Bowmanni, in zwanzig Minuten seid ihr dran", gab die Gehirnzelle, die sich in ihrer neuen Rolle sichtlich wohl fühlte, den Befehl. „Der Mensch läuft alle zehn Minuten aufs Klo", erzählten die Füße. „Lass ihn eine Stunde lang dauernd Pipi machen, dann wieder Pause. Danach seid ihr dran, Püsterchen, macht einen trockenen Husten. Wenn der Brustkorb richtig weh tut, Pause, dann Steigbügel bitte grellen Pfeifton…"

Gucki: „der Mensch ist fix und fertig, er kann kaum die Augen aufhalten."

„Dann machen wir jetzt eine Pause und lassen ihn schlafen, damit er morgen nicht im Bett bleibt." Aber gleich nach dem Frühstück geht es weiter.

Und wirklich, kaum hatte der Mensch seinen Kaffee (mehr frühstückte er ja seit einiger Zeit nicht mehr) getrunken, legten die Zellen wieder los.

Das Gleichgewichtsorgan begann mit einem so starken Schwindel, dass der Mensch sich noch einmal hinlegen musste und den Bus verpasste. „Man hat der einen Anschiss von seinem Chef bekommen", berichteten die Ohren sehr schadenfroh. Nach dem Gleichgewichtsorgan kamen die Nase mit Niesanfällen, der Magen mit Bauchschmerzen, das Zäpfchen mit Halsschmerzen, die Herzmuskelzellen mit Herzrhythmusstörungen, die Immunsystemzellen mit einer fiesen Erkältung, die Augen mit einem starken Tränenfluss…

Besondere Höhepunkte waren natürlich die Aktionen der Gehirnzellen, wenn der Mensch zigmal den gleichen Weg zurücklaufen musste, weil er etwas vergessen hatte oder wenn Bifi und Klebsiella bei Oma am Kaffeetisch laut und geruchsintensiv furzten oder wenn die Haut ausgerechnet im vollen Bus einen unerträglichen Juckreiz am Hintern machte oder als der Mensch beim Zahnarzt lag, weil Zahnlochus und Zahnaua ein paar tiefe Löcher in die Zähne gefressen hatten.

So ging es Tag ein Tag aus, immer unterbrochen von kleinen Pausen, damit der Mensch sich in Sicherheit wiegte.

Angespornt durch die Information der Sinneszellen: „der Mensch hat Stress mit seinem Chef, weil er zu spät gekommen ist"…"Er stöhnt vor Bauchschmerzen"…"Er hat Pipi in die Hosen gemacht"…"Er hat keine Freunde mehr, weil er immer furzt"… „Er kann noch nicht einmal mehr Fernsehen gucken, weil seine Augen so tränen"…, ließen sich die Körperzellen immer neue Gemeinheiten einfallen.

Rosa und ich zischten für den Sauerstofftransport mit Hochgeschwindigkeit von Zelleinheit zu Zelleinheit.

Endlich nach drei Wochen intensiver Quälerei meldeten die Sinnesorgane erste Veränderungen: „Er hat die Zigaretten weg geschmissen"…"Er hat Obst und Gemüse gegessen"…"Er hat Sport gemacht"…"Er trinkt keinen Alkohol mehr."

„Leute, ich glaube, er hat es begriffen: er nimmt uns endlich wahr und achtet auf uns", ergriffe Hirni 3.000.701 wieder das Wort. Ihr folgendes „Hiermit erkläre ich die Mission *Rettet den Menschen* für erfolgreich beendet" ging fast in dem tosenden Applaus und Jubelschrei aller Körperzellen unter.

Das Wunder

Die nächsten Jahre war das Leben herrlich. Rosa und ich verbrachten eine wundervolle Zeit. Und wir konnten uns nicht vorstellen, dass es noch schöner werden könnte.

Da hörten wir eines Tages von einem Wunder im Körper, das geschehen sein sollte. Alle Zellen sprachen davon, aber keiner wusste Genaueres? Wunder? Was konnte das nur sein? Rosa und ich machten uns schließlich auf den Weg zu der Stelle, wo es sich angeblich ereignet hatte. Unten, bei der Blase, fanden wir einen weiteren Hohlraum, den wir bisher übersehen hatten. Und darin lag ein ganz kleiner Knubbel, wie eine Perle in einer Muschel.

„Was ist das? Und wo sind wir hier überhaupt?“, fragte Rosa ehrfürchtig.

„Ich weiß nicht“, wisperte ich zurück, „aber fragen wir doch mal eine einheimische Zelle, das hat sich bewährt.“

Ich stupste die Zelle neben mir an. „Kannst du mir sagen, wo wir hier sind und was das für ein Wunder ist, von dem alle sprechen?“, flüsterte ich.

„Klar!“, brüllte sie zurück, „aber warum sprichst du so leise?“

„Mrrhmm“, räusperte ich mich ein wenig verlegen, „ich dachte, man darf das Wunder nicht stören.“

„Du kannst ruhig normal sprechen. Das, was du hier siehst, ist zwar wirklich ein Wunder, aber deine Stimme wird es nicht zerstören. Ich bin übrigens Supermami, eine Gebärmutterzelle. Und ihr seid hier in der Gebärmutter, das ist eine Höhle im Körper, die nur Frauen haben. Manchmal treffen sich dort eine Eizelle der Frau und eine Samenzelle des Mannes, und neues Leben entsteht. Ein Babymensch."

„Oh!", hauchte Rosa und hatte Tränen der Rührung in den Augen, „ich möchte auch so einen Babyknubbel haben!"

„Das geht leider nur bei Menschen und Tieren. Wir Zellen vermehren uns prosaischer: durch Teilung."

„Schade", schniefte Rosa.

„Dass bei allen Mädchen immer die Muttergefühle so durchkommen müssen", grunzte ich verlegen. Aber auch ich konnte mich gegen die Faszination *neuer Mensch* nicht wehren. Ich sah allerdings alles etwas nüchterner.

„Das sieht aber gar nicht aus wie ein Mensch, eher wie ein Zellhaufenmatsch. Ich glaube, das wird nie ein richtiger Mensch."

„Dieser Zellhaufenmatsch hat einen Schwanz", tuschelte Rosa. Doch nicht leise genug, denn die Gebärmutterzelle hatte es gehört und antwortete lachend: „Ja, noch sieht es ein bisschen komisch aus. Aber kommt mal in ein paar Wochen wieder vorbei, dann ist daraus ein richtiger Mensch geworden. Und auch der Schwanz ist dann verschwunden, er wird ein Teil der Wirbelsäule. Wir hier in der Gebärmutter passen auf, dass dem Kleinen nichts passiert. Dass er es warm und weich hat und immer ausreichend zu essen bekommt."

„Toll, können wir denn auch irgendwas machen?", fragte Rosa mit leuchtenden Augen.

„Oh, ihr könntet für einen regelmäßigen Nahrungsnachschub sorgen. Der Kleine braucht nämlich viel Nahrung und Sauerstoff, um richtig groß zu werden."

„Ja, das machen wir!“, rief Rosa und hüpfte aufgeregt auf und ab. Auch ich fand die Idee klasse und fragte, praktisch denkend: „Wo sollen wir den Sauerstoff denn abgeben?“

„Am Anfang könnt ihr ihn uns, den Gebärmutterzellen, geben. Nach einiger Zeit wird hier aber eine direkte Pipeline zum Baby entstehen, die sogenannte Nabelschnur. Durch die hindurch könnt ihr dann alle Leckereien direkt zu dem kleinen Menschen transportieren.“

„Super, das machen wir!“, riefen wir aufgeregt.

„Prima, dann erkläre ich euch hiermit feierlich zum privaten Essenstaxi für das kleine Baby.“

Die nächsten Wochen waren anstrengend. Ständig schwammen wir im Schnelltempo zur Lunge und zurück zu dem kleinen Fratz. Und je größer das Baby wurde, umso größer wurde auch sein Hunger. Doch die Strapazen waren es wert.

Nach vier Wochen konnte man schon die ersten Konturen sehen. Es sah jetzt aus wie ein kleines Gummibärchen, und ich musste mächtig aufpassen, dass Rosa es nicht die ganze Zeit knuddelte und drückte. Die Nabelschnur war wirklich klasse. So konnten wir den Sauerstoff direkt zum Baby bringen und die Versorgung verlief reibungslos.

Das Baby wuchs kräftig weiter, und bereits eine Woche später konnten wir durch die dünne Haut das Herzchen schlagen sehen. Nach sieben Wochen hatte das Kleine schon Arme, Beine, eine Nase, Augen, Ohren und einen Mund, und der Schwanz war zum Glück auch schon fast verschwunden. Aber etwas anderes machte Rosa nun Sorgen.

„Ich glaube, es wird gar kein Mensch. Es wird eine Ente. Guck, es hat

Schwimmhäute!“, wisperte sie mir verstohlen zu.

Tatsächlich: Zwischen den Zehen und Fingen sah man kleine Schwimmhäute. Doch wir konnten uns noch so leise unterhalten, es gab nichts, was Supermami nicht gehört hätte.

„Macht euch keine Sorgen. Schon in ein paar Tagen sind die Schwimmhäute wieder verschwunden.“

Als das Kleine neun Wochen alt war, sah es wirklich aus wie ein Minimensch, obwohl es gerade mal sechs Zentimeter groß war.

„Schade, jetzt ist es offenbar fertig und braucht uns nicht mehr“, bemerkte Rosa traurig, und wir brachen den Sauerstofftransport ab.

Doch wir waren noch keine 30 cm weggeschwommen, als wir hinter uns das wütende Gebrüll von Supermami hörten: „Verdammt noch mal, wo bleibt der Sauerstoff? Dass man sich auch nie auf diese roten Blutkörperchen verlassen kann! Die würden ein so kleines Wesen glatt verhungern lassen!“

Schnell schwammen wir schuldbewusst zurück.

„Entschuldige, Supermami, aber wir dachten, also, das Kleine sieht doch schon so perfekt aus, es ist doch schon alles dran! Also, wir dachten, wir werden nicht mehr gebraucht“, stotterte ich, und Rosa hatte Tränen in den Augen.

Als Supermami bemerkte, dass wir es nicht böswillig oder aus Unachtsamkeit gemacht hatten, verrauchte ihre Wut.

„Gut, gut, Entschuldigung angenommen. Aber so was darf nie wieder passieren!“, knurrte sie, schon etwas milder gestimmt.

„Bestimmt nicht!“, versicherten wir eifrig.

„Der Kleine ist zwar schon perfekt. Aber er muss noch sehr viel mehr wachsen, bevor er ohne unsere Hilfe leben kann. Also, an die Arbeit! Und bevor ihr das nächste Mal denkt, fragt mich lieber!“

Das letzte Wort hörten wir schon fast nicht mehr, denn wir waren schon auf dem Weg zur Lunge.

Die nächsten Wochen waren noch anstrengender. Aber eigentlich spürten wir das nicht. Es machte so viel Spaß zu sehen, wie das Baby wuchs und wuchs.

In der 12. Woche stritten Rosa und ich uns furchtbar. Es nervte mich, dass Rosa ständig Zeit damit vertrödelte, das Kleine zu streicheln. Rosa wurde richtig trotzig, und meine Stimme wurde immer lauter, als Supermami dazwischenfuhr.

„Hört endlich auf zu streiten!“, wies sie uns zurecht. „Das Gehirn des kleinen Babys ist jetzt schon so weit entwickelt, dass es in der Lage ist, Stress, Glück oder Aufregung wahrzunehmen. Wenn ihr euch streitet, steigt der Adrenalinspiegel im Blut und löst bei dem Baby Herzklopfen aus. Streicheln dagegen ist sehr gut für das Baby, es wirkt beruhigend und entspannend“, erklärte Supermami, und ich sah Rosas triumphierend Blick.

In der 15. Woche gab es schon wieder Aufregung. Etwas lief total schief. Wir trauten uns gar nicht, es Supermami zu erzählen. Aber wir hätten wissen müssen, dass wir ihr nichts verheimlichen konnten.

„Raus mit der Sprache, wo drückt euch der Schuh?“, forderte sie uns unmissverständlich auf.

„Also, das ist so, da ist wohl was schiefgelaufen … Aber wir haben es trotzdem noch lieb!“, stotterten wir.

„Nun stottert nicht rum, raus mit der Sprache!“

„Ja, also, es hat ein drittes Bein“, platzte es aus mir heraus. Darauf begann Supermami so zu lachen, dass das Baby wie in einem Milchshaker hin und her geschüttelt wurde. Endlich nahmen die Lachsalven ab. „Ich weiß gar nicht, was daran lustig sein soll“, entgegnete ich pikiert.

„Das ist doch kein drittes Bein, das ist der Penis! Unser kleines Baby wird ein Junge!“

Nun war mir mein Lapsus auch peinlich, aber Supermami verstand es, darüber hinwegzugehen und verstrickte mich, um mir aus der unangenehmen Situation zu helfen, in ein Gespräch über Sauerstofftransporte.

Als der Kleine 17 Wochen alt war, erwischten wir ihn, wie er zum ersten Mal am Daumen nuckelte. Ich musste zugeben, dass man nun deutlich erkennen konnte, wie sehr das Kleine es genoss, von Rosa gestreichelt zu werden. Ansonsten war das Baby jetzt ziemlich lebhaft. Es strampelte und schwamm den ganzen Tag. Es wird bestimmt einmal ein großer Sportler werden.

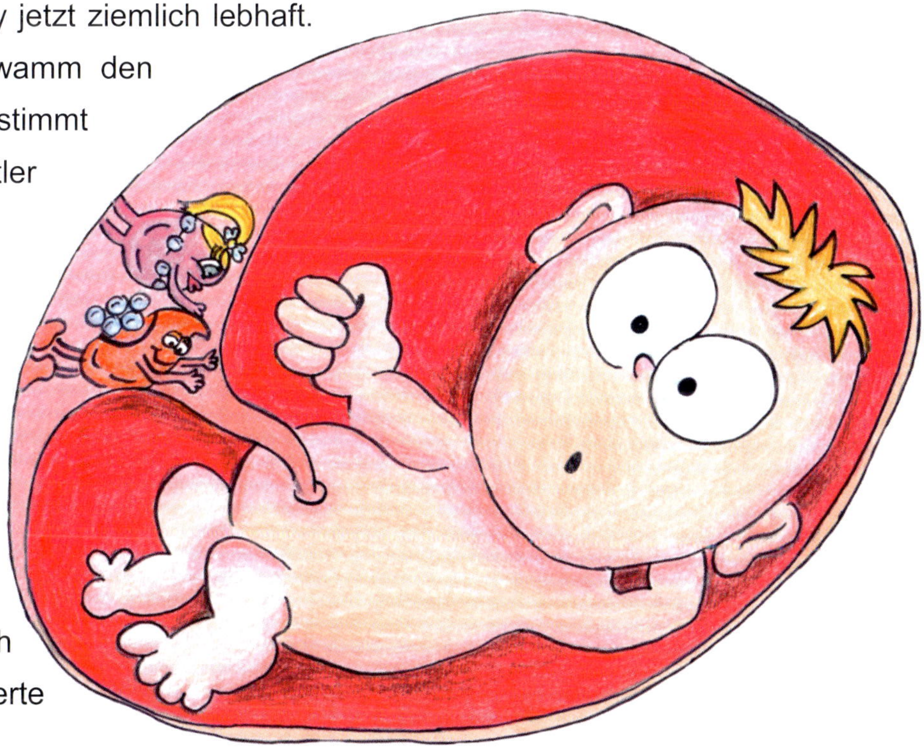

Als das Baby 19 Wochen alt war, geschah wieder etwas Ungewöhnliches: Es bekam überall Haare. Das jagte uns einen gewaltigen Schrecken ein. Schnell schwamm ich zu Supermami und wisperte ihr zu: „Das Kleine ist kein Menschenbaby, es ist ein Affe!“

Supermami lachte: „Da brauchst du keine Angst zu haben, das sind nur die sogenannten Lanugohaare. Die schützen zusammen mit der sogenannten Käseschmiere, die ungefähr in der 22. Woche kommt, die Babyhaut vor dem Aufweichen durch das Fruchtwasser. Das ist das Wasser, in dem der Kleine die ganze Zeit schwimmt.“

„Igittigitt, Käse mag ich überhaupt nicht!“, ekelte ich mich bei dem Gedanken, nun jeden Tag Käsegestank riechen zu müssen.

„Auch da kann ich dich beruhigen: Es heißt zwar Käseschmiere, hat aber mit dem Esskäse nichts zu tun, sondern ist nur ein dicker weißer Schutzfilm. Die Lanugohaare verschwinden übrigens noch vor der Geburt, wohingegen die Käseschmiere oft noch bei der Geburt drauf ist“, fuhr Supermami mit ihrer Erklärung fort.

Beruhigt schwamm ich wieder zu Rosa und kümmerte mich weiter um die Nahrungszufuhr.

Doch schon in der nächsten Woche musste Supermami wieder eingreifen, als wir dem Kleinen die Nase zuhielten.

„Was macht ihr denn da?“, rief Supermami entsetzt.

„Das Kleine hat Schluckauf!“, rechtfertigte ich unser Verhalten. „Als ich beim Zwerchfell war, habe ich ein gutes Mittel gegen Schluckauf erfahren: Nase zuhalten und dreimal schlucken! Aber der Kleine will partout nicht schlucken“, klagte ich.

„Das mit dem Schluckauf kommt öfter vor. Es hört aber auch von alleine wieder auf, deswegen braucht ihr dem Kleinen nicht die Nase zuzuhalten. Das Baby schluckt jetzt Fruchtwasser, damit die Nieren trainiert werden. Manchmal trinkt es etwas hastig, und dadurch entsteht dann Schluckauf“, klärte uns Supermami auf.

Das Schwimmen wurde nun immer schwieriger, weil die Blutflüssigkeit ungefähr zwei Liter mehr war als noch vor zwanzig Wochen. Das war blöd für uns, denn dadurch mussten wir viel kräftiger schwimmen. Auch der Sauerstofftransport wurde immer mühsamer, weil das Eisen weniger wurde.

Das Eisen lagern wir an unseren Bauch an und können so den Sauerstoff leichter transportieren. Es ist wie ein Karabinerhaken, an den wir den Sauerstoff hängen. Bei einem niedrigen Eisenspiegel können wir nicht so viel Sauerstoff auf einmal transportieren, und deswegen mussten wir öfters hin- und herschwimmen. Aber unsere große Liebe zu dem Kleinen ließ uns auch dies schließlich schaffen.

In der 25. Woche bestellte Supermami uns zu sich.

„Unser Kleiner hat jetzt ein eigenes, sehr gutes Gehirn. Und er kann alles hören. Also achtet bitte darauf, was ihr redet!“

Ich hatte irgendwie das Gefühl, dass sie dabei vor allem Rosa anschaute. Aber Rosa stritt es natürlich ab.

Ein paar Wochen später wurde uns auf einer Transportfahrt fast schlecht. Wir schwammen gerade durch die Nabelschnur, als der kleine Frechdachs mit ihr zu spielen begann. Lustig schaukelte er die Nabelschnur hin und her und wickelte sie um sein Händchen. Nur das Versprechen, unsere Worte mit Bedacht zu wählen, hinderte mich daran, mit ein paar saftigen Ausdrücken zu fluchen.

In der 28. Woche verlor unser kleiner Liebling seinen Körperflaum wieder. Ich war sehr froh, dass er doch kein Affe war.

Doch nur eine Woche später machten wir uns schon wieder Sorgen.

„Die Herzmuskelzellen des Kleinen spielen verrückt! Sie machen ihre Gymnastik viel zu schnell!“, meldeten wir Supermami.

„Ihr müsst euch keine Sorgen machen. Das Herz muss doppelt so schnell schlagen wie das Mutterherz“, beruhigte sie uns.

Was uns allerdings wirklich Sorgen bereitete, war der Platz: Es wurde immer enger für den kleinen Kerl. Er konnte sich kaum mehr bewegen. Unser Schatz entwickelte jedoch eine clevere Taktik: Er schlief einfach neunzig Prozent des Tages. Trotzdem entwickelte er sich weiter prächtig. Er war ein richtiger kleiner Mensch geworden, und wir waren sehr stolz auf ihn. Er lag jetzt ständig mit dem Kopf nach unten und bewegte sich kaum noch.

In der 37. Woche rief Supermami uns zu sich. Sie war als Babyhöhle in den letzten Wochen sehr groß geworden und man merkte, dass sie Schmerzen hatte. Das allein war aber wohl nicht der Grund für ihren ernsten Gesichtsausdruck.

„Supermami, bist du krank? Ist etwas mit dem Baby?“

„Nein, keine Sorge. Dem süßen Fratz geht es sehr gut, und außer einer kleinen Erschöpfung und ein paar Muskelschmerzen geht es auch mir gut.“

„Aber was ist dann? Warum guckst du so ernst und traurig?“

„Ihr müsst nun langsam Abschied nehmen von unserem kleinen Freund.“

„Warum? Das glaube ich nicht!“, wies ich ihre Worte zurück.

„Haben wir was falsch gemacht?“, fragte Rosa schuldbewusst.

„Nein“, beruhigte sie Supermami. „Ihr habt gar nichts falsch gemacht. Aber in ein paar Tagen sind die neun Monate rum, und ich werde mich krampfhaft zusammenziehen und das Baby so aus dem Körper drängen.“

„Du Verräterin! Du schmeißt unseren Freund einfach raus? Hast du ihn denn gar nicht mehr lieb?“, beschimpfte Rosa Supermami mit tränenerstickter Stimme und trat voller Wut gegen ihre Schleimhaut.

„Hör auf, sonst kommen meine Krämpfe schon eher! Auch ich will ihn nicht verlieren“, sprach Supermami weiter, und man hörte die Tränen in ihrer Stimme, „aber der Kleine ist nun fertig, und er muss sein eigenes Leben leben, das ist das Gesetz der Natur. Er ist einfach zu groß geworden. Er passt nicht mehr in den Bauch hinein.“

Rosa hörte auf, Supermami zu treten, aber sie weinte noch immer hemmungslos. Auch ich konnte vor Traurigkeit kaum sprechen. So nahm ich Rosa nur in die Arme und schwamm stumm mit ihr davon.

Die nächsten Stunden waren schrecklich. Rosa weinte ununterbrochen, und als sie endlich aufhörte, saß sie teilnahmslos am Ende der Nabelschnur und starrte apathisch auf das Baby. All mein gutes Zureden: „Rosalein, du musst was essen, komm, wir holen dem Kleinen ein bisschen Sauerstoff!“, drang nicht bis zu ihrem Bewusstsein vor. Es war schrecklich mit anzusehen, wie Rosa immer dünner und blasser wurde. Doch als ich schon die Hoffnung aufgeben wollte, erwachte Rosa wieder aus ihrer Apathie und kam zu mir geschwommen.

„Ich weiß jetzt, wie wir das Baby behalten können!“, rief sie voller Enthusiasmus. „Ich werde Supermamis Körper so lange streicheln, bis sie ganz entspannt ist und keine Krämpfe mehr bekommt.“

„Das wird nicht reichen. Du hast doch gehört, was Supermami gesagt hat: Das Baby ist zu groß“, desillusionierte ich Rosa.

Doch Rosa ließ sich nicht entmutigen. „Wenn wir dem Baby einfach keinen Sauerstoff mehr bringen, wird es bestimmt wieder ganz klein.“

Wenn der Anlass nicht so traurig gewesen wäre, hätte ich fast lachen müssen. „Ach, meine süße kleine Rosa! Du hast vielleicht verrückte Ideen! Wenn wir dem Baby keinen Sauerstoff mehr bringen, wird es nicht wieder klein werden, sondern wird verhungern und sterben!“

„Du bist gemein! Du willst nicht, dass der Kleine bei uns bleibt! Du steckst mit Supermami unter einer Decke! Ich hasse dich! Ich will nichts mehr mit dir zu tun haben!“, schrie mich Rosa an. „Dann werde ich den kleinen Mann eben festhalten! Und niemand kann mich daran hindern!“, brüllte Rosa wildentschlossen und schwamm zu dem Baby.

Ich blieb traurig, verzweifelt und am ganzen Körper zitternd zurück. Als ich mich von dem Schock erholt hatte, begriff ich: Wenn ich außer dem Baby nicht auch noch Rosa verlieren wollte, musste ich handeln. So schwamm ich in meiner Verzweiflung zu Supermami.

„Supermami, du musst mir helfen! Rosa isst nichts mehr. Sie ist unglaublich traurig, und wenn sie so weitermacht, wird sie sterben.“ Trotz ihrer starken Schmerzen hörte Supermami aufmerksam zu.

„Gibt es nicht doch irgendeine Möglichkeit, unseren Freund zu behalten?“, fragte ich verzweifelt.

„Nein, leider nicht“, antwortete Supermami mit gepresster Stimme, „aber …“

„Aber?“ Erstmals seit langer Zeit spürte ich wieder so etwas wie Hoffnung.

„Aber ihr hättet die Möglichkeit, bei ihm zu bleiben“, fuhr Supermami fort.

Entgeistert schaute ich sie an. „Wie soll das gehen?“

„Wenn das Baby geboren ist, also aus dem Mutterkörper heraus ist, braucht es auch Blut. Und da es nicht so schnell eigenes Blut produzieren kann, nimmt es Blut von der Mutter mit.“

„Das ist die Lösung!“, jubelte ich, „Was müssen wir machen?“

„Ihr müsst nur von der Nabelschnur aus in den Blutkreislauf des Babys schwimmen. Aber ihr müsst euch beeilen. Lange kann ich die Wehen, also die Krämpfe, nicht mehr zurückhalten.“

„Ich schwimme sofort zu Rosa. Sie wird sich so freuen!“, jauchzte ich.

„Warte!“, stoppte mich Supermami, „bevor du losschwimmst, muss ich dir noch was sagen: Wenn ihr euch für dieses neue Abenteuer entscheidet, ist es endgültig. Es gibt kein Zurück mehr.“

Stumm drückte ich Supermami und gab ihr meine restlichen Sauerstoffmoleküle. Ich hatte das Gefühl, dass sie sie in den nächsten Stunden dringend brauchen würde.

Auf dem Weg zu Rosa dachte ich noch einmal über die letzten Worte von Supermami nach. Zweifel beschlichen mich, ob es die richtige Entscheidung war. Ich würde alle meine Freunde verlassen müssen: Lymphina, Muzina, Sommersprossi, Schnüffelchen und all die anderen. Doch als ich der blassen, abgemagerten Rosa von Supermamis Idee erzählte und dabei in ihre glückstrahlenden Augen schaute, stand die Entscheidung fest.

Schnell schwammen Rosa und ich durch die Nabelschnur in den Körper des Kindes hinein. Kaum waren wir angekommen, begann sich Supermamis Muskulatur auch schon wellenförmig gegen das Baby zu drücken. Mit jeder Welle rutschten wir zusammen mit dem Baby immer tiefer. Plötzlich wurde es sehr eng und wir drohten steckenzubleiben. Ich erinnerte mich an die Milzporen und wie ich Rosa kennengelernt hatte, eingeklemmt und verzweifelt. So musste sich jetzt auch das Baby fühlen! Ängstlich nahm ich Rosa in die Arme.

„Hoffentlich geht alles gut!“

Doch Rosa schien nicht ängstlich zu sein. Voller Zuversicht zwinkerte sie mir zu. Endlich gab es einen „Plopp", tausendmal heftiger als damals in der Milzpore, und das Baby flutschte aus dem Mutterkörper hinaus. Hell und kalt war es plötzlich, und der Kleine schrie furchtbar. Aber Rosa und mich störte das nicht. Wir tanzten und hüpften vor Glück. Wir waren neugeboren. Und wir freuten uns auf unser neues Abenteuer in dem neuen Körper.